高校数学でわかるフーリエ変換

フーリエ級数からラプラス変換まで

竹内 淳 著

装幀／芦澤泰偉・児崎雅淑
カバーイラスト・もくじ・章扉／中山康子
本文図版／さくら工芸社

はじめに

　大学1年から2年で、理工系大学生が学ぶ数学に「フーリエ級数（展開）および変換」があります。この「フーリエ変換」は、物理学や電子・電気工学、さらにそれ以外の分野でも極めて重要な数学です。しかし、勉強はしてみたものの、どうもよくわからなかったという大学生は少なくないようです。

　また、数学や物理の本によく出てくる「フーリエ変換」ということの意味を、ちゃんと理解しておきたいと思っている理系ファンの方も多いことでしょう。
「フーリエ変換」と同様な変換に、「ラプラス変換」があります。「ラプラス変換」も極めて重要な数学で、特に電子・電気工学分野で大活躍します。

　この2つの変換に名を残したフーリエとラプラスはフランス人で、ともにナポレオンの時代に活躍しました。それも、単にナポレオンと同時代に生きたというだけでなく、ナポレオンと密接な親交がありました。本書を読み進めていただくと、200年前に生まれたこの2つの変換の概要がしだいに読者のみなさんの脳裏に浮かび上がってくると思います。

　本書は、物理学などの科学分野への応用を前提として、「フーリエ級数および変換」と「ラプラス変換」を学ぶ方々にむけて執筆しました。他の『高校数学でわかる』シ

リーズと同様に、大学学部レベルの知識をできるだけやさしくマスターすることを目指しています。そのための基礎的な知識としては、理系高校レベルの数学を身に付けていることを前提にしています。本書は、現役の大学生だけでなく、ちょっと背伸びしてみたい高校生のみなさんや、すでに大学を卒業した社会人の方にもお役に立てることでしょう。

　本書では、多くの数式が出てきますが、必要に応じて、ペンを使って計算することをお勧めします。例えば、1桁の四則計算（加減乗除）は簡単に暗算でできますが、2桁や3桁のかけ算やわり算を暗算でできる人はまれです。しかし、ペンを使えば、2桁や3桁の四則計算も簡単に解けます。ペンを使うことによって、人間の思考能力は大幅に高まるのです。
　それでは、「フーリエ級数・変換」と「ラプラス変換」を理解するための第一歩を、踏み出しましょう。

もくじ

はじめに ── 3

第1章 フーリエ級数 ── 11

エジプト 12
フーリエが生み出したもの 15
サインとコサイン 15
三角関数の直交性 サインの場合 19
三角関数の直交性 コサインの場合 24
三角関数の直交性 サインとコサインの場合 24
サインとコサインの間の直交性のまとめ 26
ナポレオン 27
フーリエ級数の実例 30
フーリエ級数の周期性 34
フーリエ級数の着想 36
フーリエ級数を導く 37
フーリエ展開が可能な関数とは? 41
ノコギリ波のフーリエ級数 46
帰国後のフーリエ 49

第 2 章
複素形式への拡張 ——————— 53

虚数の導入　54
複素数を座標に表示する方法　56
オイラーの公式　58
複素指数関数の微分　60
波を表すのに便利な虚数　61
波動関数　66
18世紀を代表する数学者、オイラー　69
複素形式への変換　73
周期の拡張 —— 2πから$2L$へ　77
フーリエ級数と量子力学　80

第 3 章
フーリエ変換への拡張 ——————— 83

フーリエ級数からフーリエ変換へ　84
フーリエ級数の係数を求める　85
方形波の間隔が広がった場合　88
方形波と方形波の間隔がさらに大きい場合　91

Σから積分へ　93
単一方形パルスのフーリエ変換　96
同時代の天才たち　98

第4章
代表的な関数のフーリエ変換 ── 101

指数関数のフーリエ変換　102

ガウシアンの半値全幅　106

ガウシアンのフーリエ変換　108

ガウシアンのフーリエ変換の応用例　113

光パルスの時間幅とスペクトル幅の関係　118

ハイゼンベルクの不確定性関係　122

光ファイバーの帯域　124

ガウス　128

デルタ関数　131

デルタ関数のフーリエ変換　134

サインとコサインのフーリエ変換　137

代表的なフーリエ変換　138

第5章 フーリエ変換の性質 ——————————— 141

フーリエ変換の性質　142

線形性　142

推移則　143

相似性　145

微分のフーリエ変換　146

積分のフーリエ変換　148

たたみ込み積分　150

フーリエ変換の応用 ── 熱伝導の問題　151

悲劇の天才、ガロア　158

第6章 ラプラス変換 ——————————— 165

ラプラス変換が活躍している分野　166

ラプラス変換とは　166

主なラプラス変換　171

ラプラス変換の線形性　171

推移則　173

ラプラス逆変換　176

ラプラス　177

ラプラス変換の利点 —— 微積分方程式が簡単になる　179
微分はラプラス変換でどのように変形されるか　180
積分はラプラス変換でどのように変形されるか　181

第7章
ラプラス変換を用いた演算子法 ———— 185

独学の天才、ヘビサイド　186
ラプラス変換を用いた演算子法　188
部分分数展開　194
部分分数展開を簡単に行う方法（1）　198
部分分数展開を簡単に行う方法（2）　199
RL直列回路　201
最初のラプラス変換を省略した計算方法　203
無線電信と電離層　207
さらなる発展（1）
　—— 交流電圧源をスイッチオンした場合　208
さらなる発展（2）
　—— 周期波のラプラス変換　210

付　録 ———————————————— 212

　　三角関数の公式　212
　　部分積分　213
　　指数関数と、サイン、コサインのテイラー展開　214
　　タンジェントについて　216
　　ガウスの積分公式の証明　218
　　等比級数の和　220

おわりに ———————————————— 222

参考図書・資料 ———————————————— 226

さくいん ———————————————— 228

公式集 ———————————————— 232

第1章
フーリエ級数

■エジプト

エジプトには、ピラミッドやスフィンクスに代表される素晴らしい遺跡があり、古代から現代まで数多くの人々を引きつけてきました。ヨーロッパからも、時代の異なる3人の歴史上の人物がエジプトを訪れました。

古代においてエジプトを訪れた歴史上の人物の1人は、アレクサンダーです。アレクサンダーの父ピリッポス二世は家臣によって暗殺されました。アレクサンダーは、暗殺犯以外の共謀者がいるかどうかを知りたがっていました。このため、はるばるカイロの西方約600キロメートルの砂漠の中にあるシワのオアシスを訪ねました（前332年）。そこには古代において神託で有名なアモン神殿があったからです。アレクサンダーの問いに答えた神託は、意外なものでした。

「あなたの父君は、不死の存在である」

つまり、暗殺されたピリッポスはアレクサンダーの父ではなく、本当の父は「死ぬことのない神」であるというのです。この神託を受けて、アレクサンダーは神の子であるという確信を持ち、東方の世界への征服に乗り出しました。

エジプトを訪れた歴史上の人物の2人目は、ローマのカエサル（シーザー）です。アレキサンドリアでのナイルの戦い（前47年）では、かなり危険な目に遭いましたが、クレオパトラとのロマンスは有名です。

そしてエジプトに足を踏み入れた3人目の歴史上の人物は、フランスのナポレオン（1769～1821）です。1797年

に、ナポレオンはイタリア方面軍の司令官として、イタリアとオーストリアで戦い、連戦連勝の大勝利を得ました。その翌年、弱冠28歳のナポレオンは艦隊を率いてエジプトに遠征したのです。遠征の目的は、エジプト経由のイギリスの貿易路を支配することでした。スエズ運河が開削されたのは72年後の1869年ですが、エジプトはそれ以前からインド洋と地中海を結ぶ重要な交易路でした。『プルタルコス英雄伝』や『アレクサンダー大王東征記』の愛読者であったナポレオンは、アレクサンダーやカエサルなどの古代の英雄に詳しく、2人が訪れたエジプトには多大な興味を抱いていました。

　ナポレオンは、一戦場への兵力の集中を最重要と見なしたように、合理的精神の持ち主で、神秘の国エジプトにも167名の学者や技師からなる科学的な調査団を同行しました。航海中、ナポレオンは、同行した科学者たちとの議論

ナポレオンのエジプト遠征
Century Magazine 1895

フーリエ

を楽しみました。この調査団の中に、30歳の数学者フーリエ（1768〜1830）が同行していたのです。

フーリエは、中部フランスのオーセールという町の仕立屋の息子として生まれました。9歳の頃に相次いで両親を亡くし孤児になってしまいましたが、幸いにして教会の司教の保護を受けることができました。早くから学問の才能を現していたフーリエに、フランス革命が高等教育を受ける機会を与えました。フーリエは、フランス革命直後の1794年に開校したばかりのエコール・ノルマル（高等教員養成のための師範学校。École は、英語の school に対応します）に入学したのです。エコール・ノルマルは、同じ年に開校したエコール・ポリテクニク（高級将校養成のための理工科学校）とともに、後にはフランスを代表するエリート校になります。しかし、翌年の1795年にいったん廃校になったので、フーリエはエコール・ポリテクニクに移り、そこで教えるようになりました。

ナポレオンの調査団の一員としてエジプトに同行したフーリエは、行政官としても優れた手腕を発揮しました。科学史に登場する科学者の中には、もともとあらゆる分野において優秀であって、その能力の一端を「科学」という分野で開花させたと思える人がいます。フーリエは、まさ

第1章 フーリエ級数

にこの万能型の天才でした。

■フーリエが生み出したもの

フーリエが生み出したフーリエ級数は、現在広く理工学の分野で使われています。このため、通常は大学1年か2年で必修する数学になっています。

では、それほど重要なフーリエ級数の利点は、いったい何なのでしょうか。

よく使われている例の1つは、電気信号や光パルスをフーリエ級数で表す場合です。電気信号は、携帯電話やテレビ・パソコンなどのあらゆる電化製品の中を走り回り、光パルスは光ファイバー中を伝搬することによって、世界中の通信を支えています。また、それ以外の様々な科学技術の分野でもフーリエ級数は頻繁に使われています。
「フーリエ級数の利点は何か？」という疑問に答えると、それは「ほとんどの関数を、三角関数の和（足し算）で表せること」にあると言えます。もちろんほとんどの読者の方にとって、この「ある関数を三角関数の和で表せる」ということがどのようなことなのか、それのどこが便利なのかは、現時点ではおわかりにならないでしょう。それを、これから本章で見ていきます。まず、その基礎となる三角関数の知識から身に付けましょう。

■サインとコサイン

三角関数にはサインとコサインがあります（他にタンジェントなどもありますが）。少し復習すると、サインと

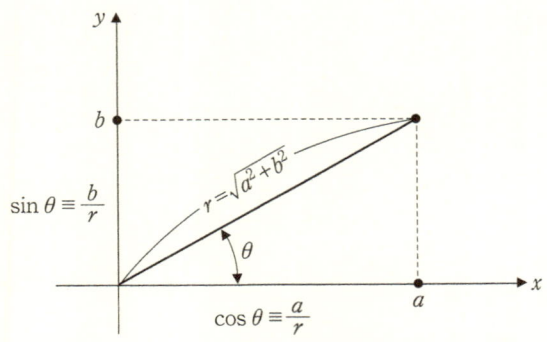

図1-1 サインとコサインの定義

コサインは、図1-1のように x-y 座標をとると、図中の角 θ と原点からの距離 r を用いて次の式のように定義されています（≡は定義することを示します）。

サイン　　　　$\sin \theta \equiv \dfrac{b}{r}$

コサイン　　　$\cos \theta \equiv \dfrac{a}{r}$

次に、サインとコサインのグラフを書いてみましょう。横軸を角 θ にとり、縦軸に

$$y = \sin \theta \ \ \text{と} \ \ y = \cos \theta$$

の値をとると、図1-2のようになります。この図からわかるように、サインとコサインに共通しているのは、最大値が1で最小値が−1であることです。それから1周期が

サイン　$y = \sin\theta$

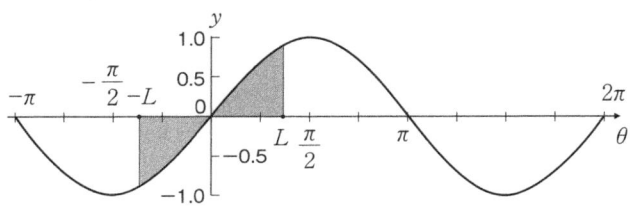

コサイン　$y = \cos\theta$

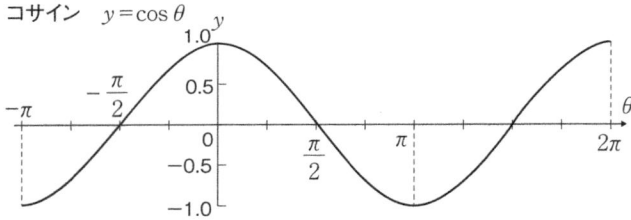

図1-2　サインとコサインの波

$\theta = 2\pi$ であることです。ある θ から右に 2π ずれても、あるいは左に 2π ずれても y の値は同じです。

　では、次にサインとコサインで違っているところは何でしょうか。これも簡単です。コサインはサインより左に $\theta = \dfrac{\pi}{2}$ だけずれています（逆に、右に $\dfrac{3\pi}{2}$ ずれているとも言えます）。他に違っているところはないでしょうか。よぉーく、グラフを見て下さい。何か気がつきませんか。

　実は、この「$\dfrac{\pi}{2}$ のずれ」は、単に「ずれている」ということだけでなく、サインとコサインに大きな違いをもたらしています。$\theta = 0$ に注目して下さい。サインはこの原点を中心にして、右と左で点対称の関係になっています。

例えば、$\theta=\frac{\pi}{2}$ での値と $\theta=-\frac{\pi}{2}$ での値は符号が逆で絶対値は同じです。それではコサインはどうでしょう。こちらは原点を通る y 軸を中心にして左右で線対称になっています。

サインのように原点を中心にして点対称になる関数を**奇関数**と呼び、コサインのように原点を中心にして左右で線対称の関係になる関数を**偶関数**と呼びます。式で書くと

$$f(\theta) = -f(-\theta)$$

となるのが、**奇関数**で、

$$f(\theta) = f(-\theta)$$

となるのが、**偶関数**です。ということで、**サインは奇関数、コサインは偶関数**ということをまず頭の中に入れておきましょう。

このサインのような奇関数は、積分範囲の始点と終点が原点から等距離で、かつ符号が異なるときには（少しわかりにくい表現ですが、図1-2の上図の $-L$ から L のことです）、その積分

$$\int_{-L}^{L} f(\theta)\, d\theta = 0$$

は必ずゼロになります。図1-2のサインのグラフを見ればわかるように、θ がマイナスの領域の積分とプラスの領域の積分は足すとゼロになるからです。これは奇関数特有の

性質なので、これも頭に入れておきましょう。

それから、図1-2からわかるように、$y=\sin\theta$ の場合は $\theta=n\pi$（n は整数）のところで、必ずゼロになり、$y=\cos\theta$ の場合は、$\theta=n\pi+\frac{\pi}{2}$（$n$ は整数）のところで、必ずゼロになります。

さらに、サインとコサインの間には、高校の数学で習ったように、「サインの微分がコサインである」という関係もあります。これを式で書くと

$$\frac{d}{d\theta}\sin\theta=\cos\theta$$

です。サインの微分とは、サインの傾きのことなので、この関係は図1-2のサインとコサインのグラフを見ればわかります。例えば、$\theta=-\frac{\pi}{2}$ や $\theta=\frac{\pi}{2}$ で、サインの傾きはゼロ（つまり、水平）ですが、そのときコサインの値はゼロになっています。

同じように、コサインの微分は、サインになっています。ただし、次式のようにマイナス符号が付くことに注意して下さい。

$$\frac{d}{d\theta}\cos\theta=-\sin\theta$$

■三角関数の直交性　サインの場合

次にフーリエ級数にとって極めて重要な、三角関数のおもしろい性質を見てみましょう。次のような積分について

考えます。

$$\int_{-\pi}^{\pi} \sin\theta \cdot \sin 2\theta \, d\theta$$

この積分は、この後で計算するようにゼロになるのです。
また、

$$\int_{-\pi}^{\pi} \sin 2\theta \cdot \sin 7\theta \, d\theta$$

などもゼロになります。
　一方、同じものどうしをかけて積分するとこれはゼロにならず、π になります。例えば、

$$\int_{-\pi}^{\pi} \sin 3\theta \cdot \sin 3\theta \, d\theta = \pi$$

です。
　これらを導いてみましょう。まず、積分がゼロになる場合から考えます。
　もっと一般化して

$$\int_{-\pi}^{\pi} \sin m\theta \cdot \sin n\theta \, d\theta \quad (m \neq n \text{ の場合})$$

で考えます。ここで m, n は整数で、$m \neq n$ の場合です。この計算には、高校の数学で習う三角関数の次の公式を使います（証明は付録をご覧下さい）。

$$\sin x \cdot \sin y = \frac{1}{2}\{\cos(x-y) - \cos(x+y)\}$$

これを使って書き直すと

$$\int_{-\pi}^{\pi} \sin m\theta \cdot \sin n\theta d\theta$$
$$= \frac{1}{2}\int_{-\pi}^{\pi}\{\cos(m\theta-n\theta) - \cos(m\theta+n\theta)\}d\theta$$
$$= \frac{1}{2(m-n)}\Big[\sin(m-n)\theta\Big]_{-\pi}^{\pi} - \frac{1}{2(m+n)}\Big[\sin(m+n)\theta\Big]_{-\pi}^{\pi}$$

となります。最後のところでは、コサインの積分はサインであるという関係を使っています(先ほど見たようにサインの微分はコサインなので、積分はその逆になります)。

さて、ここで m と n は整数なので、最後の式の $m-n$ や $m+n$ は整数です。θ は上式のように $-\pi$ か π をとるので

$\theta = -\pi$ の場合

$$\sin(m-n)\theta = \sin(-m+n)\pi = 0$$
$$\sin(m+n)\theta = \sin(-m-n)\pi = 0$$

$\theta = \pi$ の場合

$$\sin(m-n)\theta = \sin(m-n)\pi = 0$$
$$\sin(m+n)\theta = \sin(m+n)\pi = 0$$

となります。前節で見たように $\theta = n\pi$ のところで、$\sin \theta$ はゼロになります。ということで、先ほどの式は $m \neq n$ の場合、必ずゼロになることがわかります。よって、

$$\int_{-\pi}^{\pi} \sin m\theta \cdot \sin n\theta d\theta = 0 \quad (m, \ n \text{ は整数で、} m \neq n \text{ の場合})$$

であることがわかりました。

では次に $m = n$ の場合を計算してみましょう。先ほどと同じ三角関数の公式を使います。

$$\sin n\theta \sin n\theta = \frac{1}{2}\{\cos(n\theta - n\theta) - \cos(n\theta + n\theta)\}$$
$$= \frac{1}{2}(\cos 0 - \cos 2n\theta)$$
$$= \frac{1}{2}(1 - \cos 2n\theta)$$

なので、この関係を使うと、

$$\int_{-\pi}^{\pi} \sin^2 n\theta d\theta = \frac{1}{2}\int_{-\pi}^{\pi}(1 - \cos 2n\theta)d\theta$$
$$= \frac{1}{2}\left[\theta - \frac{\sin 2n\theta}{2n}\right]_{-\pi}^{\pi}$$

となります。[ ] の中の第 2 項は $\theta = \pm\pi$ で $\sin 2n\theta = 0$ なので消えます。よって、第 1 項のみが残って、

$$= \pi$$

第1章 フーリエ級数

となります。

ということでこの2つの結果をまとめて書くと

$$\frac{1}{\pi}\int_{-\pi}^{\pi}\sin m\theta \cdot \sin n\theta d\theta = \delta_{mn} \quad (m, n は整数) \quad (1\text{-}1)$$

となります。この右側の記号は**クロネッカーのデルタ**と呼ばれるもので、$m=n$ のときは1で、$m \neq n$ のときには、0になります。

この (1-1) 式は興味深いことに m と n の値が同じときには1になり、$m \neq n$ のときには、0になります。$m \neq n$ の場合のように積分が0になる性質を**直交性**と言います。直交とは、元々は2つの直線が90度に交わることですが、関数の場合の直交性とは、**「かけあわせて積分するとゼロになる場合」**を意味します。

ここでの積分範囲は $-\pi$ から π ですが、図1-2を見ればわかるように $-\pi$ から0の領域と、π から 2π の領域では $\sin\theta$ は同じ形をしています（図1-3のように $\sin 2\theta$ なども同じです）。そこで (1-1) 式は積分範囲を「$-\pi$ から π」

サイン波　$y=\sin 2\theta$

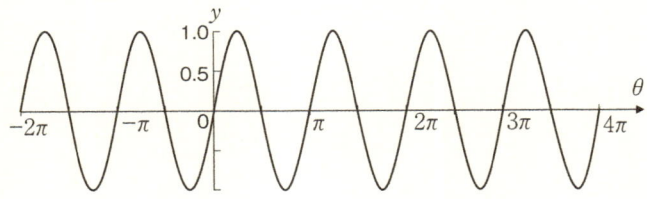

図1-3　周期 π のサイン波

から「0から2π」に変えて

$$\frac{1}{\pi}\int_0^{2\pi}\sin m\theta\cdot\sin n\theta d\theta=\delta_{mn} \quad (m,\ n\text{ は整数})$$

と書くこともできます。

■三角関数の直交性　コサインの場合

　さて、コサインの場合も同様の直交性が成り立ちます。紙面の関係で証明は割愛しますが、コサインの場合も、

$$\frac{1}{\pi}\int_{-\pi}^{\pi}\cos m\theta\cdot\cos n\theta d\theta=\delta_{mn} \quad (m,\ n\text{ は整数}) \quad (1\text{-}2)$$

となり、$m=n$ のときは1、$m\ne n$ のときはゼロになります。このように、コサインの場合も、先ほどのサインと同様の「直交性の関係」が成り立ちます。

■三角関数の直交性　サインとコサインの場合

　さて、サインの直交性やコサインの直交性を理解しました。次に、サインとコサインの間の直交性を考えてみましょう。式で書くと

$$\int_{-\pi}^{\pi}\sin m\theta\cdot\cos n\theta d\theta$$

です。まず、いちばん簡単な $m=n=1$ の場合を考えましょう。

第1章 フーリエ級数

$$\int_{-\pi}^{\pi} \sin\theta \cdot \cos\theta \, d\theta$$

この積分を考えるには、奇関数の性質が役に立ちます。一般に、奇関数に偶関数をかけると、奇関数になります。例えば、最も簡単な例は、奇関数 $y=x$ に偶関数 $y=1$ をかけた場合です。このかけ算は、図1-4のように奇関数 $y=x$ になります。奇関数ですから、このかけ算の関数を原点から等距離の範囲（$-L$ から L）で積分したときには、ゼロになります。

$$\int_{-L}^{L} x \, dx = 0$$

このように、

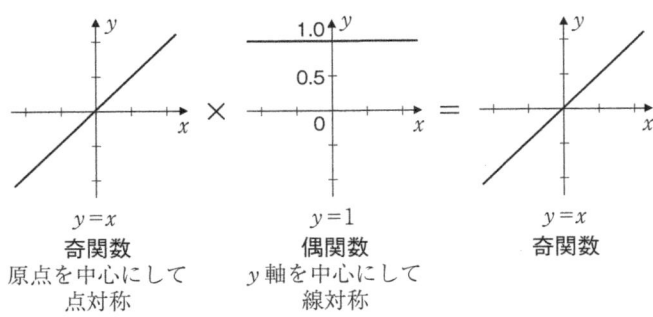

奇関数に偶関数をかけると奇関数になります。

図1-4 奇関数×偶関数＝奇関数 の最も簡単な例

奇関数×偶関数＝奇関数

の関係が成り立っています。少し考えると、他にも

偶関数×偶関数＝偶関数
奇関数×奇関数＝偶関数

の関係が成り立つことがわかります。

さて、$\sin\theta\cdot\cos\theta$ の場合は、図1-2のようにサインは奇関数でコサインは偶関数なので、このかけ算の $\sin\theta\cdot\cos\theta$ は奇関数です。奇関数を$-\pi$からπまで積分すると、$-\pi$から0の積分と、0からπの積分は正負が逆で絶対値の大きさが同じなので、ゼロになります。

$\sin\theta$ が $\sin m\theta$（mは自然数）に変わっても奇関数であることは変わらず、$\cos\theta$ が $\cos n\theta$（nは自然数）に変わっても偶関数であることは変わりません。というわけで、$\sin m\theta\cdot\cos n\theta$ も奇関数なので、

$$\int_{-\pi}^{\pi}\sin m\theta\cdot\cos n\theta d\theta=0 \qquad (1\text{-}3)$$

の関係が成り立ちます。つまり、サインとコサインは「常に直交」しています。

■サインとコサインの間の直交性のまとめ

ここまでで、サインの直交性と、コサインの直交性、それにサインとコサインの間の3つの直交性を見てきました。もう一度まとめて書いておきましょう。

$$\frac{1}{\pi}\int_{-\pi}^{\pi}\sin m\theta \cdot \sin n\theta d\theta = \delta_{mn} \quad (m, n \text{ は整数}) \quad (1\text{-}1)$$

$$\frac{1}{\pi}\int_{-\pi}^{\pi}\cos m\theta \cdot \cos n\theta d\theta = \delta_{mn} \quad (m, n \text{ は整数}) \quad (1\text{-}2)$$

$$\int_{-\pi}^{\pi}\sin m\theta \cdot \cos n\theta d\theta = 0 \quad (m, n \text{ は整数}) \quad (1\text{-}3)$$

ここで関数として

$$\frac{1}{\sqrt{\pi}}\sin m\theta, \quad \frac{1}{\sqrt{\pi}}\cos n\theta \quad (m, n \text{ は整数})$$

をとると、直交性に関しては $m=n$ のときには上記の式からわかるように積分は1になり、$m\neq n$ のときには積分はゼロ（直交）になります。積分が1になることを**正規**と言い、このような関数のセットを**正規直交系**と呼びます。正規直交系の関数には三角関数以外のセットもあります。

読者の中には、なぜこんなに「直交性」にこだわるのか疑問に感じた方が少なくないでしょう。この直交性はフーリエ級数では、たいへん役に立つ性質なのです。この後、直交性の大活躍を目にすることになります。

■ナポレオン

フーリエの時代に、三角関数は測量、航海、天文など様様な分野で活躍していました。陸軍士官学校の砲兵科出身のナポレオンも、もちろん三角関数を熟知していました。

ナポレオンは、イタリア語圏のコルシカ島に生まれたこともあって、フランス語やその他の語学は必ずしも得意で

はなかったようですが、数学的素養には極めて恵まれていました。9歳から学んだ陸軍幼年学校では、3年間にわたって数学の賞を受賞しました。幼年学校時代からの級友で後にナポレオンの秘書となったブーリエンヌによると、ナポレオンは数学において全学一優秀だったとのことです。

陸軍士官学校では数学のある砲兵科に進み、通常3年から4年を要する課程を1年足らずで卒業しました。少尉に任官したのはわずか16歳のときで、最年少記録でした。士官候補生試験を受験した202名のうち、136名が合格し、そのうち上位58名は候補生を経ずにすぐに任官が認められました。ナポレオンは42位でしたが、これは在学期間が1年に満たないことを考えると抜群の成績であったことがわかります。

1797年のイタリア遠征の直後に、凱旋将軍のナポレオンは、アカデミーの数学物理学分野の会員に選ばれました。前任のカルノー（熱力学で有名なサヂ・カルノーの父で、軍人であり数学者でもあった）がクーデターのためにドイツに亡命し、それによって生じた空席を埋めたのです。この時期には、ナポレオンはラグランジュ（1736〜1813）やラプラスらの一流の数学者と親交を結び、この後もアカデミーの会員であることを大いに誇りにし続けました。

ナポレオンの指揮のもと、1798年の7月に勇躍してエジプトに乗り込んだ5万4000人のフランス軍は、ピラミッドの前でエジプトを支配するマムルーク軍と対峙しました。スフィンクスの前に立ったナポレオンの言葉は有名です。

第 1 章 フーリエ級数

「諸君、4000年の歴史が君たちを見下ろしているのだ」

ナポレオンが率いるフランス軍は、8000人の騎兵を中心とする約6万のマムルーク軍に完勝しましたが、翌月には、虎の子の艦隊をアレキサンドリア沖のアブキール湾の海戦で撃破されてしまいました。フランス軍を窮地に追い込んだのは、ネルソン提督が率いるイギリス艦隊でした。このためナポレオンはフランスに帰るに帰れないという状況に陥りました。

この軍事的に困難な状況の中で、フーリエたちによるエジプトの調査活動は続きました。数学者モンジュ（1746～1818）を長としたエジプト協会が設立され、フーリエはその書記になりました。フランス艦隊がネルソン提督に敗れたため、フランス軍は海岸の防備を固めるためにナイル川の河口の要塞の強化工事を行いました。その工事中に、ロゼッタ付近でエジプトの象形文字（ヒエログリフ）とギリシア語が同じ岩に刻まれた岩が発見されました。これが、「ロゼッタストーン」です。

1799年春には、イギリスが中心となって第二次対仏同盟を結成し、フランスを包囲する環は強まりました。1799年3月から5月にかけて、フランス軍はシリアに遠征しました。しかし、イギリス軍に行く手を阻まれ、さらにペストがナ

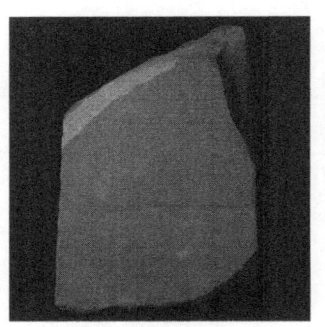

ロゼッタストーン
大英博物館HPより

ポレオン軍を襲い、多数の兵を失いました。

　苦戦していたのは、遠征していたナポレオンだけではありませんでした。フランス本国も、ナポレオンが獲得したイタリアの領地を失っていました。エジプトのナポレオンの下には十分な兵力はなく、一方フランス本国には兵力はあるものの、すぐれた指揮官はいませんでした。ナポレオンは帰国を決断します。地中海に、イギリス艦隊が遊弋している中、1799年8月に、ナポレオンは2隻の小型フリゲート艦でエジプトを離れました。まったくの隠密行動で、フランス兵はそのままエジプトに取り残されました。イギリス艦隊に捕捉されないよう細心の注意を払いながら、フランスに帰国したのは、10月のことです。フーリエたちはエジプトにとり残され、帰国できたのはそれから2年後でした。このときエジプト調査団は、ロゼッタストーンの写しをフランスに持ち帰りました。

■フーリエ級数の実例

　フーリエ級数とはどのようなものであるのか、1つ実例を見ておきましょう。1つ例を知っていると、これからの理解が容易になります。

　その実例として次のような級数を考えましょう。

$$y = \frac{4}{\pi}\left(\sin\theta + \frac{1}{3}\sin 3\theta + \frac{1}{5}\sin 5\theta + \frac{1}{7}\sin 7\theta + \cdots\right)$$
$$= \frac{4}{\pi}\sum_{n=0}^{\infty}\frac{\sin(2n+1)\theta}{2n+1} \qquad (1\text{-}4)$$

サインがたくさん並んでいます。ここで、Σ（シグマ）は和を表す記号で、Σの下の $n=0$ と Σ の上の ∞ は、$n=0$ から無限大の項まで和をとることを意味します。この級数をグラフにすると、どのようになるのでしょうか。

第2項の $\frac{1}{3}\sin 3\theta$ まで拾った

$$y = \frac{4}{\pi}\left(\sin\theta + \frac{1}{3}\sin 3\theta\right)$$

と、第4項の $\frac{1}{7}\sin 7\theta$ まで拾った

$$y = \frac{4}{\pi}\left(\sin\theta + \frac{1}{3}\sin 3\theta + \frac{1}{5}\sin 5\theta + \frac{1}{7}\sin 7\theta\right)$$

を図1-5にグラフにしてみました。

この2つのグラフをよく見ると、おもしろい関係に気づきます。0からπの間でのデコボコの頂点の数が、拾った項 $\frac{1}{n}\sin n\theta$ の n と同じであることです。例えば、第2項の $\frac{1}{3}\sin 3\theta$ まで拾った図1-5の上図では、デコボコの頂点が3個あります。また、第4項の $\frac{1}{7}\sin 7\theta$ まで拾った下図では、デコボコの頂点が7個あります。とすると、n がもっと大きな値であっても、同じ関係が成り立つのではないかと推測できます。この推論は正しくて、n が大きな値でもこの関係は成り立ちます。図1-6の上図は、$n=15$ の場合ですが、デコボコの頂点の数は15個あります。

この $n=1$ から15までのグラフの変化を見てみると、デコボコの数が増えるにつれて、$\theta=-\frac{\pi}{2}$ や $\theta=\frac{\pi}{2}$ あた

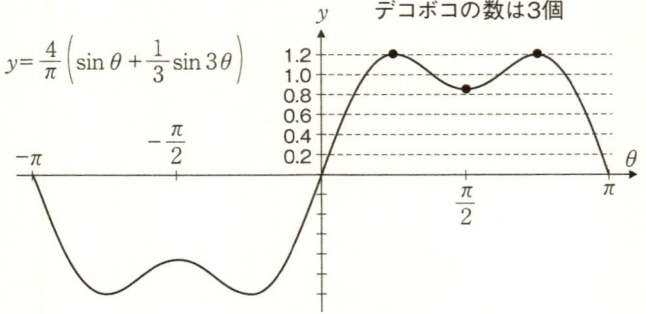

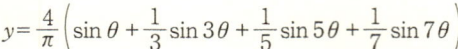

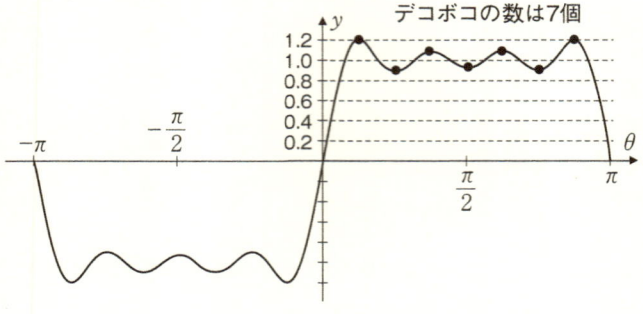

図1-5 フーリエ級数の例

りの振動の上下の幅（振幅）が小さくなり、$y \cong -1$ や $y \cong 1$ に近づいていることがわかります。また、$y \cong -1$ や $y \cong 1$ である領域も、左右に広がっています。

これらの傾向から、$n \to \infty$ の場合にどうなるか予想してみましょう。まず、$n \to \infty$ の場合には、デコボコの数が無限に増えるはずです。また、$\theta = -\dfrac{\pi}{2}$ や $\theta = \dfrac{\pi}{2}$ あた

$$y = \frac{4}{\pi}\left(\sin\theta + \frac{1}{3}\sin 3\theta + \cdots\cdots + \frac{1}{15}\sin 15\theta\right)$$

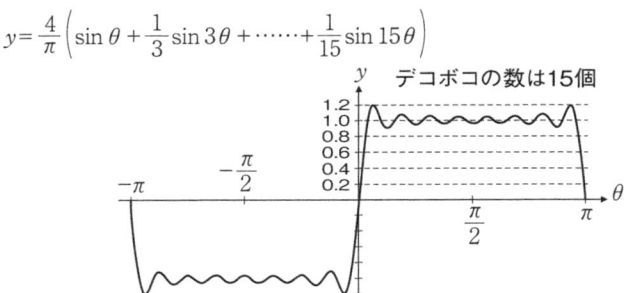

$$y = \frac{4}{\pi}\left(\sin\theta + \frac{1}{3}\sin 3\theta + \frac{1}{5}\sin 5\theta + \cdots\cdots\right)$$

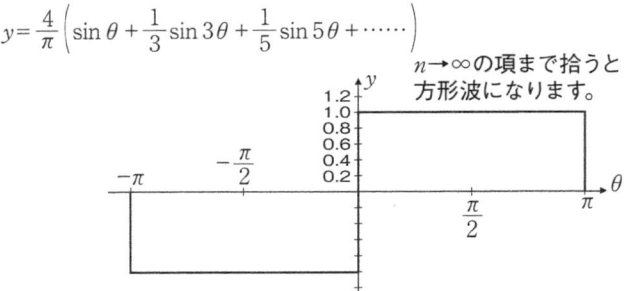

図1-6　方形波のフーリエ級数

りの値は、$y=-1$ や $y=1$ に限りなく近づくでしょう。

　ということで、$n\to\infty$ の場合を見てみると、図1-6の下図の方形波になります。方形波は式で書くと、

$$S(\theta) = \begin{cases} 1 & 0 < \theta < \pi \\ 0 & \theta = -\pi,\ 0,\ \pi \\ -1 & -\pi < \theta < 0 \end{cases}$$

です。

この方形波とは、「正方形」とか「長方形」の「方形」と同じ意味で、角が90度の波形を意味します。ただし、きれいな方形波になるのはここで見たように n が無限大の場合で、n が有限個の場合は図1-5のように波打つ関数になります。

　方形波は電気信号として最もよく使われている波形の一つです。みなさんが普段接している電化製品、例えば、テレビ、携帯電話、パソコンなどの中を方形波が走り回っています。

　この「方形波がサイン波の重ね合わせで表現できる」ということは、驚くべきことです。何しろ〝ぐにゃぐにゃ曲がった〟サイン波で、方形波のような直線と直角で構成されるカーブを表せるのですから。

■フーリエ級数の周期性

　ここで見たフーリエ級数の例は、θ の範囲が $-\pi$ から π である1周期 2π の関数でした。図1-2を見ればわかるように、$\sin \theta$ の周期は 2π です。したがって、θ を 2π ずらしてもサインの値は同じです。

$$\sin \theta = \sin(\theta + 2\pi)$$

図1-3は、$\sin 2\theta$ のグラフですが、同じように $\sin m\theta$（m は整数）でも、θ を 2π ずらしたサインの値は同じです。よって、

$$\sin m\theta = \sin(m\theta + 2\pi)$$

と書くことができます。

また、さらにこの関係は 2π のずれだけでなく、4π や 6π のずれ、つまり $2n\pi$（n は整数）のずれでも同じように成り立つので、

$$\sin m\theta = \sin(m\theta + 2n\pi) \quad (m,\ n\text{ は整数})$$

と書くことができます（コサインにも類似の関係が成り立ちます）。

先ほどのフーリエ級数は、この $\sin m\theta$ の足し算で構成されているので、θ を $2n\pi$ ずらしても同じ値となります。つまり、**2π の周期性**を持っています。

$-\pi$ から π の範囲で考えた図1-6の方形波も、範囲の限定を外してグラフに書くと、図1-7のような 2π の周期性を持つことになります。

$$y = \frac{4}{\pi}\left(\sin\theta + \frac{1}{3}\sin 3\theta + \frac{1}{5}\sin 5\theta + \cdots\cdots\right)$$

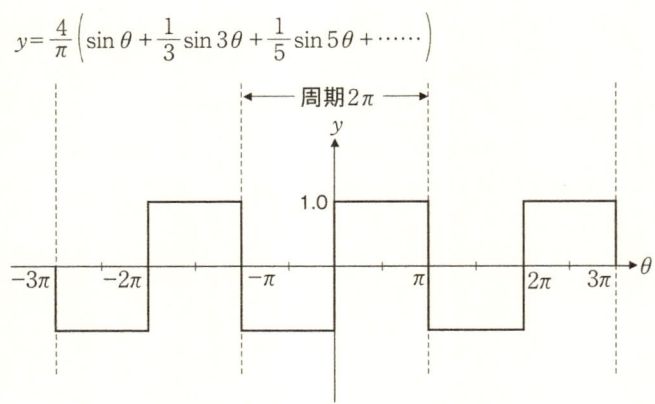

図1-7　フーリエ級数の周期性

フーリエ級数で、1周期が$-\pi$からπの関数を扱うとき、これは周期2πの関数に対応していることを頭の中に入れておきましょう。

■フーリエ級数の着想

フーリエ級数の例を1つ見たので、フーリエ級数がどのようなものであるのか、大まかな印象が得られたのではないでしょうか。フーリエ級数の最初のアイデアを思いついたのは、ダニエル・ベルヌーイ（1700〜1782）です。ベルヌーイは、弦の振動をサインとコサインの足し算（重ね合わせ）で表せるのではないかと考えました。サインやコサインは図1-2のような波を表す関数なので、一見、複雑な弦の振動が、もっと簡単なサイン波やコサイン波の重ね合わせで表せるのではないかというベルヌーイの着想は、理にかなっているように思えます。

フーリエはベルヌーイの考えをさらに進めて、このサインとコサインの足し算で表される級数が、振動現象ではない熱の伝導にも使えるのではないかと考えました。振動に限らず、それ以外の関数もコサイン$\cos m\theta$とサイン$\sin n\theta$の足し算で表せるのではないかと考えたわけです。

式で書くと、ある関数$f(\theta)$が

$$f(\theta) = a_1 \cos\theta + a_2 \cos 2\theta + a_3 \cos 3\theta + \cdots$$
$$+ b_1 \sin\theta + b_2 \sin 2\theta + b_3 \sin 3\theta + \cdots \quad (1\text{-}5)$$
$$+ C$$

$$= C + \sum_{n=1}^{\infty}(a_n \cos n\theta + b_n \sin n\theta) \qquad (C \text{ は定数})$$

で表せると考えたのです。大胆な着想です。

■ **フーリエ級数を導く**

　このフーリエの大胆な着想にしたがって、フーリエ級数を導いてみましょう。

　(1-5) 式では、係数 a_1, a_2, … や b_1, b_2, … などは未知ですが、この係数がわかれば、関数 $f(\theta)$ はサインとコサインで表すことができるということになります。では、これらの係数の代表例として、右辺の係数 a_1 を求めてみることにしましょう。

　ここで先ほどの**サインとコサインの直交性**の性質が役に立ちます。(1-5) 式の両辺に $\cos \theta$ をかけて、$-\pi$ から π まで積分してみましょう。そうすると、直交性から右辺の a_1 以外の項は消えてしまいます。やってみましょう。

$$\begin{aligned}
\int_{-\pi}^{\pi} f(\theta) \cdot \cos \theta d\theta = & a_1 \int_{-\pi}^{\pi} \cos \theta \cdot \cos \theta d\theta + a_2 \int_{-\pi}^{\pi} \cos 2\theta \cdot \cos \theta d\theta + \cdots \\
& + b_1 \int_{-\pi}^{\pi} \sin \theta \cdot \cos \theta d\theta + b_2 \int_{-\pi}^{\pi} \sin 2\theta \cdot \cos \theta d\theta + \cdots \\
& + C \int_{-\pi}^{\pi} \cos \theta d\theta \qquad (1\text{-}6)
\end{aligned}$$

です。このうち、a_1, a_2, … や b_1, b_2, … がかかる項は、(1-2) 式と (1-3) 式の直交性によって a_1 の項以外は

ゼロになって消えます。また、最後の定数 C にかかる積分は、

$$\int_{-\pi}^{\pi} \cos n\theta d\theta = 0 \quad (n \text{ は整数}) \quad (1\text{-}7)$$

という関係があるので、ゼロになります。これは図1-2のように $-\pi$ から π の積分範囲で、コサインが正になる領域と負になる領域の面積が同じであることによります。ちなみに、サインにも

$$\int_{-\pi}^{\pi} \sin n\theta d\theta = 0 \quad (n \text{ は整数}) \quad (1\text{-}8)$$

という関係があります。

さてこれで、(1-6) 式の右辺は、

$$右辺 = a_1 \int_{-\pi}^{\pi} \cos^2 \theta d\theta$$

となり、この積分は (1-2) 式の $m=n$ の場合なので

$$= a_1 \pi$$

となります。

一方、(1-6) 式の左辺は、

$$\int_{-\pi}^{\pi} f(\theta) \cdot \cos \theta d\theta$$

なので、左辺=右辺から

$$a_1 = \frac{1}{\pi}\int_{-\pi}^{\pi} f(\theta)\cdot\cos\theta d\theta$$

の関係が成り立ちます。これで、係数 a_1 が求まりました。

同様に (1-5) 式に $\cos 2\theta$ をかけて $-\pi$ から π まで積分すると、a_2 が求まることがわかります。つまり、この係数の求め方は、$n=1$ 以外の a_n の場合にも適用できます。したがって、

$$a_n = \frac{1}{\pi}\int_{-\pi}^{\pi} f(\theta)\cdot\cos n\theta d\theta \qquad (1\text{-}9)$$

となります。

サインの項についても、(1-5) 式の両辺に $\sin n\theta$ をかけて、同様にして計算すると

$$b_n = \frac{1}{\pi}\int_{-\pi}^{\pi} f(\theta)\cdot\sin n\theta d\theta \qquad (1\text{-}10)$$

となることがわかります。いかがでしょう。直交性は大活躍ですね。

さて、最後に定数 C だけが残りました。これを求めるには、どうすればよいのでしょうか。これは (1-7) 式と (1-8) 式を使います。(1-5) 式の両辺を $-\pi$ から π まで積分してみましょう。

$$\int_{-\pi}^{\pi} f(\theta) d\theta = a_1\int_{-\pi}^{\pi}\cos\theta d\theta + a_2\int_{-\pi}^{\pi}\cos 2\theta d\theta + \cdots$$

$$+ b_1 \int_{-\pi}^{\pi} \sin\theta d\theta + b_2 \int_{-\pi}^{\pi} \sin 2\theta d\theta + \cdots$$
$$+ C \int_{-\pi}^{\pi} d\theta$$

右辺では (1-7) 式と (1-8) 式の関係によって、定数 C の項以外はすべて消えます。よって、

$$\int_{-\pi}^{\pi} f(\theta) d\theta = C \int_{-\pi}^{\pi} d\theta$$
$$= 2C\pi$$

となり、

$$C = \frac{1}{2\pi} \int_{-\pi}^{\pi} f(\theta) d\theta \qquad (1\text{-}11)$$

が得られます。

ここで、(1-9) 式の a_n は、$n=1, 2, 3, \cdots$ に対して定義されているのですが、この形式で $n=0$ とすると、

$$a_0 = \frac{1}{\pi} \int_{-\pi}^{\pi} f(\theta) \cdot \cos(0 \times \theta) d\theta$$
$$= \frac{1}{\pi} \int_{-\pi}^{\pi} f(\theta) d\theta \qquad (1\text{-}12)$$

となります。これは (1-11) 式の C の 2 倍です。そこで、(1-5) 式は、

$$f(\theta) = \frac{a_0}{2} + \sum_{n=1}^{\infty}(a_n \cos n\theta + b_n \sin n\theta) \quad (1\text{-}13)$$

と書くことができます（ちなみに b_0 は（1-5）式に存在しないので、$b_0=0$ です）。（1-9）式と（1-10）式も再掲しておきましょう。

$$a_n = \frac{1}{\pi}\int_{-\pi}^{\pi} f(\theta) \cdot \cos n\theta d\theta \quad (1\text{-}9)$$
$$b_n = \frac{1}{\pi}\int_{-\pi}^{\pi} f(\theta) \cdot \sin n\theta d\theta \quad (1\text{-}10)$$

　これが**フーリエ級数**です。本書の最も重要な知識の一つに早くもたどり着きました！　おもしろい関係です。ほとんどどんな形の関数でも、サインとコサインの足し算で表せます。

　これは、例えば関数 $f(\theta)$ が電気信号の場合には、サイン波とコサイン波を寄せ集めると、ほとんどどんな形の波形も合成できるということを意味しています。これがフーリエ級数を様々な科学の分野でとても重要な存在にしている理由です。

■フーリエ展開が可能な関数とは？

　ある関数をフーリエ級数で表すことを**フーリエ（級数）展開する**と言います。

では、どのような関数でもフーリエ級数で表すことができるのでしょうか。フーリエがアカデミーに論文を提出したときには、この点が未解明でした。このため、他の数学者たちはすぐにはフーリエの新しい方法に賛成しませんでした。

　フーリエ展開が可能な関数の条件が明らかになったのは、その後のディリクレ（1805～1859）ら数学者たちの努力によります。その条件は、

　　周期 2π の関数 $f(\theta)$ を区間 $-\pi \leq \theta \leq \pi$ で、フーリ
　　エ展開できるのは、$f(\theta)$ が**区分的になめらかな連続
　　関数**であること

というものです。この「区分的になめらか」や「連続関数」というのは、数学の独特な表現なので、まず、この表現を理解しましょう。また、「区分的になめらかな連続関数」であるとき、「$f(\theta)$ は区間 $-\pi \leq \theta \leq \pi$ で積分可能である」ということも、同時に考えてみましょう。$f(\theta)$ が積分できなければ、(1-12) 式の a_0 も求められないので、フーリエ級数は得られないのです。

　ある区間 $a \leq x \leq b$ を考えます。この区間で、関数 $f(x)$ が図1-8の上図のように1本の連続した（つながった）線で表せる場合には、これを「範囲 $a \leq x \leq b$ で連続な関数」と表現します。このような関数を積分することは、この図の灰色の部分の面積を求めることなので可能です。

　一方、図1-8の下図のように、無限大に発散する部分がある関数は、「範囲 $a \leq x \leq b$ で連続な関数」とは呼びま

第1章 フーリエ級数

区間 $a \leq x \leq b$ で連続な関数

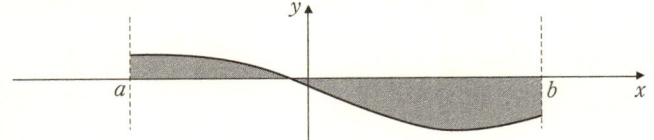

区間 $a \leq x \leq b$ で連続ではない関数とは?

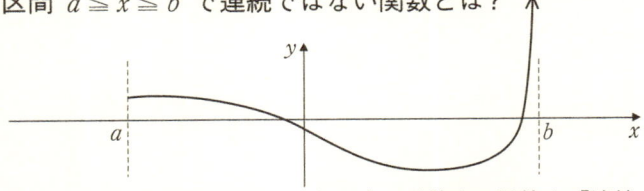

例えば、b に近づくにつれて、無限大に発散する関数は、「連続な関数」と呼びません。

図1-8　連続な関数とは

せん。また、無限大に発散する部分があるので、この関数を積分しても、積分は有限の値が得られないということになります。有限の積分の値が得られないので、「積分可能である」とは言えないことになります。

次に図1-9の上図のように、曲線がところどころで不連続になっている関数を考えましょう。この不連続な箇所(不連続点)の数は有限であるとします。この関数には、どこにも無限大に発散する部分はありません。このようにところどころで不連続ではあるものの、それぞれの小区間では発散せず連続な関数は**区分的に連続である**と表現します。この関数は積分可能です。

一方、図1-9の下図のように、無限大に発散する部分が

区間 $a \leq x \leq b$ で区分的に連続な関数

不連続点（点線）

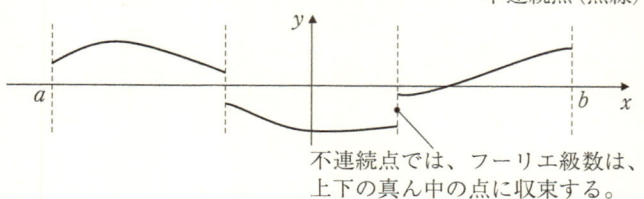

不連続点では、フーリエ級数は、上下の真ん中の点に収束する。

区間 $a \leq x \leq b$ で区分的に連続ではない関数とは？

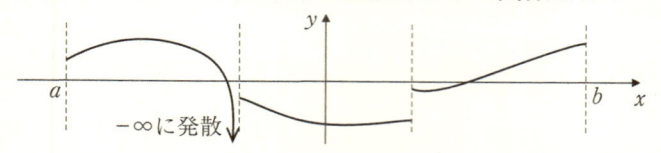

−∞に発散

どこかで無限大に発散する関数は、「区分的に連続な関数」とは呼ばない。

図 1-9 区分的に連続な関数とは

ある関数は、「区分的に連続な関数」と呼ぶことはできません。また、無限大に発散する部分があるので、「積分可能ではない」ということになります。

さて、次に「なめらかな関数」がどのような関数であるか見てみましょう。ある関数が、$f(x)$ で表されるとします。この関数の1階微分 $\dfrac{df(x)}{dx}$ が、連続な関数であるとき、これを**なめらかな関数**と表現します。

なめらかな関数＝1階微分が連続な関数

です。また、「区分的になめらかな関数」という表現も

あって、これは、「1階微分が、区分的に連続な関数」を表します。

区分的になめらかな関数＝1階微分が区分的に連続な関数

です。例えば、図1-9の上図は、その1階微分（＝傾き）も発散していないことがわかります。したがって、「区分的になめらかな関数」であることがわかります。一方、図1-10の関数は $y=\sqrt{|x|}$ というもので、これは区分的に連続な関数ですが、$x=0$ では、1階微分（＝傾き）が±無限大に発散しています。したがって、「区分的になめらかな関数」ではありません。「区分的になめらかな連続関数であれば、フーリエ級数に展開できる」ことを頭の中に入れておきましょう。

なお、図1-9の上図のような関数をフーリエ級数に展開

区間 $a \leq x \leq b$ で、区分的に連続だが、区分的になめらかでない関数とは？

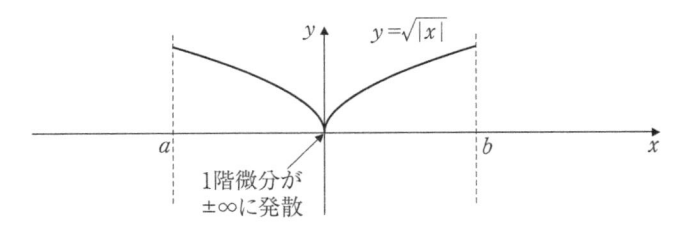

どこかで1階微分が無限大に発散する関数は、「区分的になめらかな関数」とは呼ばない。

図1-10 「区分的になめらかな関数」ではないもの

したとすると、不連続点で (1-13) 式が収束する点は、不連続点をプラス側から近づいた点とマイナス側から近づいた点の真ん中になります。

なお、どうして「区分的になめらかな連続関数であれば、フーリエ級数に展開できるのか」ですが、この証明は数学的に少しレベルが高くなって、高校数学から大きく離れるので、本書では割愛します。興味のある方は専門書をご覧下さい。

■ノコギリ波のフーリエ級数

フーリエ級数にたどり着いたので、早速、使ってみましょう。まず、次の関数のフーリエ展開にトライしてみましょう。

$$f(\theta) = \theta \qquad -\pi \leq \theta \leq \pi$$

この関数は、θ が $-\pi \leq \theta \leq \pi$ の範囲で上式のように定義されていますが、この範囲外の $\theta < -\pi$ や $\pi < \theta$ の値をとるときには、図1-11のように、同じ関数が2π周期で繰り返されているものとします。図から、区分的になめらかな関数であることがわかります。

このフーリエ級数の係数を求めるのは、(1-9) 式と (1-10) 式を使えばいいわけです。やってみましょう。まず、係数 a_n です。

$$a_n = \frac{1}{\pi} \int_{-\pi}^{\pi} f(\theta) \cdot \cos n\theta d\theta$$

第1章 フーリエ級数

$-\pi < \theta \leqq \pi$ で
$y = \theta$

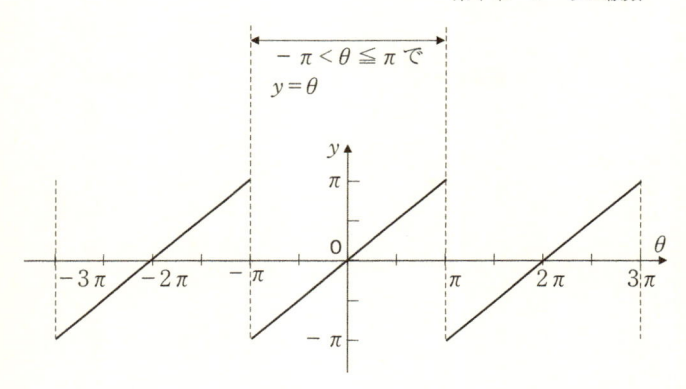

図1-11 ノコギリ波

$$=\frac{1}{\pi}\int_{-\pi}^{\pi}\theta\cos n\theta d\theta$$
$$=0$$

ここで、積分がゼロになるのは、$\theta\cos n\theta$ が奇関数だからです。どうしてこれが奇関数であるかというと、$y=\theta$ は図1-11のように奇関数であり、$y=\cos n\theta$ は図1-2の下図の $\cos\theta$ のように偶関数です。奇関数に偶関数をかけると、前述のように奇関数になります。この積分は、奇関数を原点を対称に $-\pi$ から π まで積分するので、ゼロになります。

次に、係数 b_n です。

$$b_n=\frac{1}{\pi}\int_{-\pi}^{\pi}f(\theta)\cdot\sin n\theta d\theta$$

$$=\frac{1}{\pi}\int_{-\pi}^{\pi}\theta\cdot\sin n\theta d\theta$$

部分積分の公式(付録)を使うと

$$=\frac{1}{\pi}\left[-\theta\cdot\frac{\cos n\theta}{n}\right]_{-\pi}^{\pi}+\frac{1}{\pi}\int_{-\pi}^{\pi}\frac{\cos n\theta}{n}d\theta$$

$$=\frac{1}{n\pi}(-\pi\cos n\pi-\pi\cos(-n\pi))+\frac{1}{n^2\pi}\left[\sin n\theta\right]_{-\pi}^{\pi}$$

となります。ここで、第2項の積分を計算すると、$\sin(n\pi)$ と $\sin(-n\pi)$ は n が自然数のときには図1-2や図1-3のように必ずゼロになります。また、コサインは偶関数なので $\cos n\pi = \cos(-n\pi)$ ですから、

$$b_n = -\frac{2\cos n\pi}{n}$$

が得られます。$\cos n\pi$ は、n が偶数の場合は1であり、奇数の場合は−1です。よって、$\cos n\pi = (-1)^n$ と書けるので、

$$b_n = (-1)^{n+1}\frac{2}{n}$$

となります。

したがって、$f(\theta) = \theta$ のフーリエ級数は、

$$f(\theta) = \sum_{n=1}^{\infty} b_n \sin n\theta$$

$$= \sum_{n=1}^{\infty} (-1)^{n+1} \frac{2}{n} \sin n\theta$$

$$= 2\sin\theta - \sin 2\theta + \frac{2}{3}\sin 3\theta - \frac{1}{2}\sin 4\theta + \cdots$$

となります。

　この図1-11の波形は何の形に見えるでしょうか。これはノコギリの歯のような形をしているので、ノコギリ波と呼ばれています。

　方形波も同じようにして求められます。興味のある方はトライしてみて下さい。(1-4)式が方形波のフーリエ級数です。

■帰国後のフーリエ

　エジプトから帰国したフーリエはエコール・ポリテクニクで働き始めましたが、彼の行政上の能力を高く評価していたナポレオンは、フランス南東部に位置するイゼール県（県庁所在地はグルノーブル）の知事に任命しました。フーリエは、行政官として恵まれた生活を送りながら、数学の研究を続けました。この知事時代には、彼は語学の堪能な少年にロゼッタストーンの写しを見せる機会を作りました。その少年がシャンポリオン(1790〜1832)で、20年後の1822年に象形文字の解読に成功しました。

　フーリエは、1807年に熱の伝導に関する論文を発表し、1812年には熱伝導に関するアカデミーの懸賞論文に応募して賞を受賞しました。44歳の時のことです。この論文に

シャンポリオン
レオン・コニェ筆

よって本書の主題のフーリエ級数は広く知られるようになりました。

1814年に、ナポレオンが失脚すると、その後はルイ18世の即位、そしてナポレオンの「百日天下」と呼ばれる短い復活、ナポレオンのセントヘレナ島への幽閉など、めまぐるしく政治の変転が続きました。セントヘレナに向かう船の中で、ナポレオンは側近と3次方程式の解き方について議論したと言われています。

フーリエは政治的にナポレオンに近かったので、一時職を失いました。しかし、友人たちに助けられて行政職につき、やがてフランス科学界の重鎮になりました。

フーリエは熱伝導という物理学の問題に取り組んだように、実用性のある数学に関心を持っていました。数学の目的を「公の役に立つこと」と「自然現象の説明」にあると明言していました。これに対して、フーリエより若いドイツの数学者ヤコービ（1804～1851）は、「科学の目的は人間精神の名誉のためであり、数学の問題も宇宙の体系の問題と同じ価値がある」（『ガロアの時代ガロアの数学 第2部数学篇』彌永昌吉著、シュプリンガー・ジャパン）として、フーリエの姿勢に疑問を呈しました。

フーリエは今日、数学者として著名ですが、その研究の

姿勢は数学を自然現象の解明や応用の有力な手段と見なすという点で、むしろ（現代の）物理学者やエンジニアに近かったと言えるのかもしれません。フーリエは晩年までアカデミーの最前線に留まり、1830年に62年の生涯を終えました。

　さて、本章ではフーリエ級数というとても重要な内容を理解しました。ここまででフーリエ級数に関する最も重要な概念を理解したことになります。このフーリエ級数を核として、ここからめざましい進展が続きます。
　さあ、第2章に取りかかりましょう。第2章では、フーリエ級数に虚数を導入します。

第 2 章
複素形式への拡張

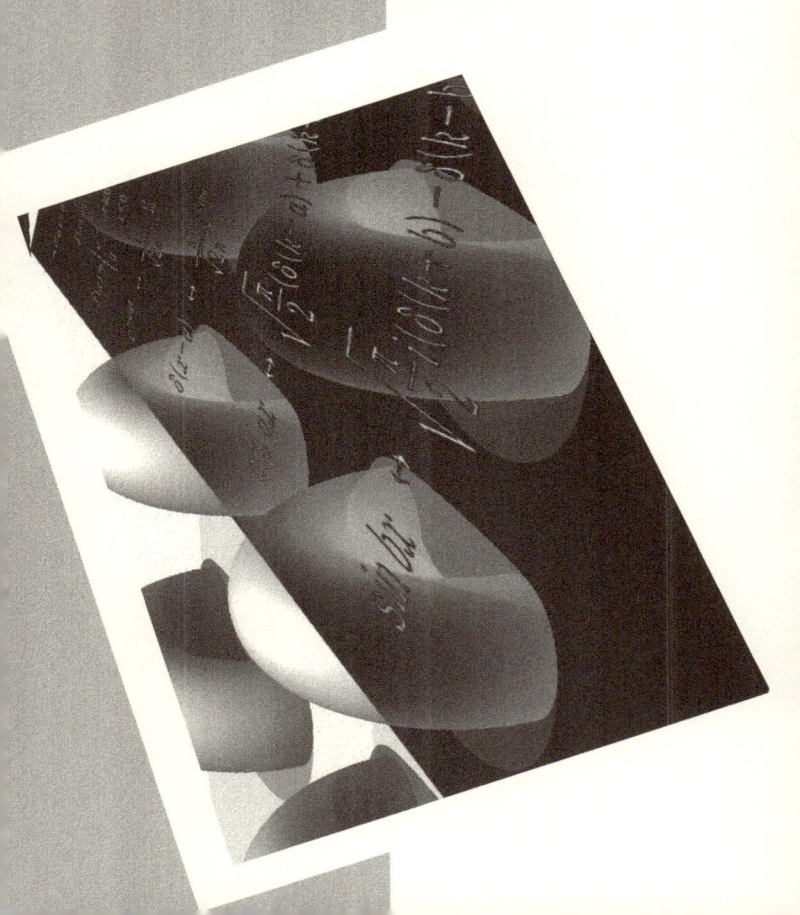

■虚数の導入

　虚数と実数の足し算で表される数を、**複素数**(ふくそすう)と呼びます。フーリエ級数は、この複素数を使って書くと多くの場合にもっと便利になります。そこで本章では、複素数を使った形式への拡張に取り組みます。まず、虚数についての理解から始めましょう。

　ある数を2乗したものを平方と呼び、平方の元になった数を平方根と呼びます。例えば2を2乗（2×2）すると4になりますが、2の平方が4で、4の平方根が+2と-2です。ここまでは簡単です。

　次に、数学の発展過程では-1の平方根を考える必要に迫られました。2乗して4になる数や、9になる数は簡単にわかりますが、2乗して-1になる数となると、どのようなものなのか直観的につかめない方がほとんどだと思います。

　実際、筆者も直観的には理解できません。もちろん、アラビア数字の中にそのような数字は存在しません。そこで-1の平方根には、アルファベットのiという文字を使うことにして、この数を**虚数**(きょすう)と呼ぶことになりました。英語では imaginary number（直訳すると、想像上の数）と呼びます。デカルト（1596〜1650）によって名付けられました。

　任意の虚数は、このiのb（実数）倍なのでbiと書きます。そこで、iは虚数単位と呼ばれます。iは、imaginary の頭文字からとったものです（ただし、電気を使う学問分野では、電流をIやiで表すのが普通です。この

第2章 複素形式への拡張

ため虚数単位を i で表すと、電流と混同する恐れがあります。そこで、虚数単位として i に似ている j も使われます)。式で書くと i と -1 の関係は

$$i \times i = -1$$
$$i = \sqrt{-1}$$

となります。一方、虚数以外のそれまで使われていた数は実数 (real number：直訳すると「現実の数」) と呼ばれるようになりました。

　虚数の発明 (発見？) は、3次方程式の解法と関係があります。3次方程式を解く公式として「カルダーノの解法」と呼ばれるものがあります。カルダーノ (1501〜1576 イタリア) の時代は、いくつもの数学の学派があり、難易度の高い解法は門外不出でした。3次方程式の解法も秘密でした。この解法にカルダーノの名がついているのは、カルダーノがその解法を考えついたからではありません。実は、その解法を編み出した数学者タルターリヤ (1500〜1557) から強引に聞き出して勝手に発表したからです。

　カルダーノの解法では、計算の途中で $\sqrt{-1}$ が出てきます。$\sqrt{-1}$ が出て来たところで計算を止めてしまうと答えは求められないのですが、そこで止めないで計算を続けると、答えが正しく求まることがわかったのです。そうすると、この $\sqrt{-1}$ を数として認める必要が生じます。当初はこの虚数の存在に懐疑的な数学者が多かったのですが、やがて、虚数は役に立つ存在として受け入れられるようになりました。

虚数の存在を認めると、「数の概念」は、実数から拡張されて、実数と虚数の両方で表されるということになります。そこで、この拡張した数を複素数と呼ぶことにしました。複素数は、実数 a と虚数 bi の和で表されます。式で書くと

$$a+bi$$

となります。

■複素数を座標に表示する方法

この複素数を図示できるようにしたのが、19世紀最大の数学者といわれるガウスです。ガウスは横軸（この x 軸を実軸と呼びます）に実数をとり、縦軸（この y 軸を虚軸と呼びます）に虚数をとった**複素平面**（「ガウス平面」とも呼ばれる）を考え出しました。図2-1の複素平面においては、複素数 $a+bi$ は、x 軸（実軸）上の大きさが a で y 軸（虚軸）上の大きさが b である１つの点として表されます。

この複素数 $a+bi$ を、極座標で表すこともできます。極座標表示では、xy 面上の座標 (x, y) ではなく、図2-1のように原点からの距離 r と実軸（x 軸）からの角度 θ（これを偏角と呼びます）で複素数を表します。ですから、

$$a+ib=r(\cos\theta+i\sin\theta)$$

となります。

複素数の絶対値の大きさは、この図の原点からの距離で

第 2 章　複素形式への拡張

$$a+ib = r(\cos\theta + i\sin\theta) = re^{i\theta}$$

$$e^{i\theta} = \cos\theta + i\sin\theta$$

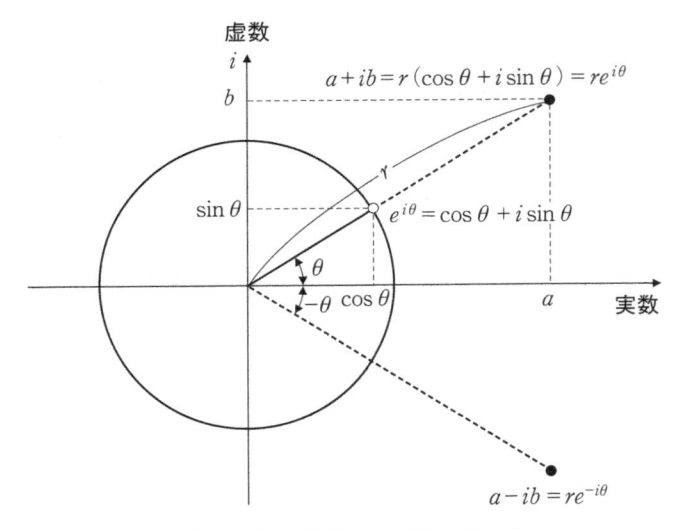

$$a-ib = re^{-i\theta}$$

図2-1　複素平面とオイラーの公式

表されます。複素数は $a+ib$ と表されますが、図の原点からの距離 r は $\sqrt{a^2+b^2}$ です。複素数 $a+ib$ から距離の2乗 a^2+b^2 を求めるには、$a+ib$ に $a-ib$ をかければよいことがわかります。

$$(a+ib)(a-ib) = a^2+b^2$$

この $a-ib$ を元の $a+ib$ の**複素共役**(ふくそきょうやく)と呼びます。複素共約の数は、図2-1のように、実軸を対称軸とする線対称の位置にあります。偏角を使って表示すると、

$$\begin{aligned}a-ib &= r(\cos\theta - i\sin\theta)\\ &= r\{\cos(-\theta) + i\sin(-\theta)\}\end{aligned}$$

57

となります。

■オイラーの公式

この複素数と、三角関数のサイン、コサインの間にはおもしろい関係があります。その関係を見つけたのは、18世紀を代表する数学者、オイラー（1707〜1783）です。オイラーが見つけたのは、次の式の関係で、これを、**オイラーの公式**と呼びます。

$$e^{i\theta} = \cos\theta + i\sin\theta$$

この関係は、図2-1上では、白抜きの点（○）に対応します。オイラーの公式の右辺の $\cos\theta + i\sin\theta$ の絶対値の2乗は、

$$(\cos\theta + i\sin\theta)(\cos\theta - i\sin\theta) = \cos^2\theta + \sin^2\theta$$

です。三角関数の公式 $\cos^2\theta + \sin^2\theta = 1$ により、この点は半径1の円上にあることがわかります。オイラーの公式は、この円上の点が、虚数を肩に乗せた $e^{i\theta}$ という指数関数（**複素指数関数**と呼びます）に対応していることを示しているわけです。

このオイラーの公式を導くには、テイラー展開を利用します。テイラー展開は、普通、理工系では大学1年で学びますが（この部分は高校数学ではありません）、これはある関数 $f(x)$ を、

$$f(x) = a + bx + cx^2 + dx^3 + \cdots$$

第 2 章　複素形式への拡張

というふうに、x の何乗かの和で表せるというものです。このテイラー展開を使うと、指数関数、サイン、コサインは次のように表せます（付録参照）。

$$e^x = 1 + \frac{x}{1!} + \frac{x^2}{2!} + \frac{x^3}{3!} + \cdots$$

$$\sin x = x - \frac{x^3}{3!} + \frac{x^5}{5!} - \cdots$$

$$\cos x = 1 - \frac{x^2}{2!} + \frac{x^4}{4!} - \cdots$$

この指数関数のテイラー展開で、x を ix で置き換えると、形式上

$$e^{ix} = 1 + \frac{ix}{1!} + \frac{(ix)^2}{2!} + \frac{(ix)^3}{3!} + \cdots$$

となります。そこで、<u>虚数 ix のべき乗をこの式のように定義する</u>ことにします。この式の右辺を実数の項と虚数の項に分けてみます。

$$\begin{aligned}
e^{ix} &= 1 + \frac{ix}{1!} + \frac{(ix)^2}{2!} + \frac{(ix)^3}{3!} + \cdots \\
&= 1 + \frac{ix}{1!} - \frac{x^2}{2!} - \frac{ix^3}{3!} + \cdots \\
&= \left(1 - \frac{x^2}{2!} + \frac{x^4}{4!} - \cdots\right) + i\left(x - \frac{x^3}{3!} + \frac{x^5}{5!} - \cdots\right) \\
&= \cos x + i \sin x
\end{aligned}$$

すると、前式のように、それぞれがコサインとサインのテイラー展開に等しくなります。これが、「オイラーの公式 $e^{ix}=\cos x+i\sin x$」です。

このオイラーの公式を使うと、複素数の極座標表示も、

$$a+ib=r(\cos \theta+i\sin \theta)$$
$$=re^{i\theta}$$

と書くことができます。また、複素共役は

$$a-ib=re^{-i\theta}$$

になります。

■複素指数関数の微分

この複素指数関数の微分を身に付けておきましょう。と言っても、硬くなる必要はありません。コサインとサインの微分の知識だけで十分です。ここで、

$$\frac{d}{d\theta}e^{ia\theta} \quad (ここで a と \theta は実数)$$

を求めます。複素数の微分では、実数と虚数を別々に微分します。したがって、オイラーの公式を使って、実数と虚数に分けます。すると、

$$\frac{d}{d\theta}e^{ia\theta}=\frac{d}{d\theta}(\cos a\theta+i\sin a\theta)$$

$$= \frac{d}{d\theta} \cos a\theta + i \frac{d}{d\theta} \sin a\theta$$

と書き直せます。右辺の微分は三角関数の微分なので

$$= -a \sin a\theta + ia \cos a\theta$$
$$= ia(i \sin a\theta + \cos a\theta)$$
$$= iae^{ia\theta}$$

となります。最後の行では、再びオイラーの公式を使って指数関数の形に戻しています。これをまとめると

$$\frac{d}{d\theta} e^{ia\theta} = iae^{ia\theta}$$

となります。これは、実数の指数関数の微分

$$\frac{d}{d\theta} e^{a\theta} = ae^{a\theta}$$

とほとんど同じ形をしています。指数関数の肩に乗っている項のうち、変数 θ 以外の項(前々式では ia で、前式では a)を前に付け足すというものです。

■波を表すのに便利な虚数

虚数は、電子・電気工学や量子力学でよく使われます。どのように使われるのか見ておきましょう。虚数を使うのは、波を表すのに都合がよいからです。波には2種類あります。1つはずっと振動しつづける波で、もう1つは、だ

んだん小さくなっていく波、すなわち減衰する波です。振動する波の代表はサイン波で、図2-2のように

$$\sin ax$$

で表されます（コサインでも振動する波を表せます）。

では、もう1つの減衰する波とはどのような波でしょうか。

例えば、音の波がコンクリートの壁を伝わる場合を考え

空間的に振動する波（$\sin ax$：サイン波）

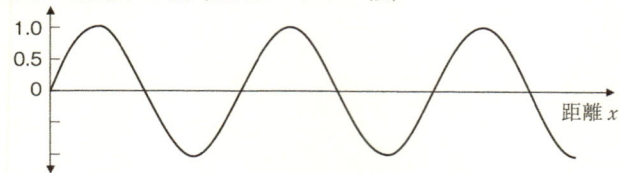

空間的に減衰する波（e^{-bx}：指数関数）

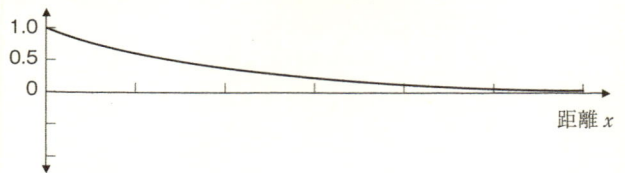

空間的に振動しながら減衰する波（$\sin ax\, e^{-bx}$：サイン波 × 指数関数）

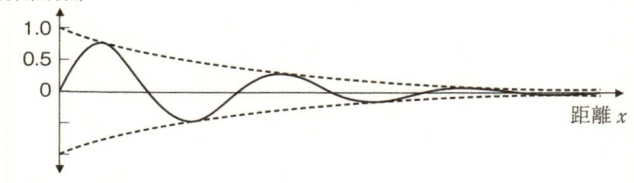

図2-2　振動する波、減衰する波、減衰振動の波

てみましょう。音の波はコンクリートの壁を伝わるうちに、どんどん小さくなっていきます。これが減衰する波の一例です。コンクリートの中に深く進入するほど、音は小さくなることから、コンクリートの壁が厚いほど防音性能はよいということになります。マンションの床が厚い方がよいのはこのためです。

マンションの壁の厚さを x として音の大きさを表すには、

$$e^{-bx}$$

という形の指数関数が適している場合が多いようです。図2-2のようにこの関数は、b が正の実数であれば、x が大きくなるほど急に小さくなっていくのが特徴です（b を負の実数にとれば、減衰とは逆に x が大きくなるほど急に大きくなる波も表せます）。

したがって、この2種類の波を表すには

$$\sin ax \quad \text{または} \quad \cos ax$$

という関数と

$$e^{-bx}$$

という関数が適していることがわかります。

実際の波は振動しながら減衰する波であったり、振動しながら増大する波であったりする場合が多いのでこの2つの波を1つの式で表す必要があります。式としては簡単で、この2つのかけ算

$$\sin ax \cdot e^{-bx} \quad \text{または} \quad \cos ax \cdot e^{-bx}$$

で表せます。例えば $\cos ax \cdot e^{-bx}$ では、$a=1$ で $b=0$ の場合は振動する波、すなわちコサイン波を表し、$a=0$, $b=1$ の場合は減衰波を表します。

a と b がともに 0 ではない場合はどうなるでしょうか。この場合は、振動しながら減衰する波(あるいは振動しながら増大する波)になります。

この式はオイラーの公式を使えば、もっと簡単かつ便利に表せます。先ほどの

$$\sin ax \cdot e^{-bx}$$

という波は、オイラーの公式を使えば

$$e^{i(a+ib)x} = e^{iax} e^{-bx}$$
$$= \cos ax \cdot e^{-bx} + i \sin ax \cdot e^{-bx}$$

の虚部(右辺の第 2 項)をとればよいということになります(ここで、a と b は実数です)。コサインで振動する波のときには、実部(右辺の第 1 項)をとればよいのです。虚部をとる場合は、

$$\mathrm{Im}[e^{i(a+ib)x}] = \mathrm{Im}[\cos ax \cdot e^{-bx} + i \sin ax \cdot e^{-bx}]$$
$$= \sin ax \cdot e^{-bx}$$

実部をとる場合は、

$$\mathrm{Re}[e^{i(a+ib)x}] = \mathrm{Re}[\cos ax \cdot e^{-bx} + i \sin ax \cdot e^{-bx}]$$

$$= \cos ax \cdot e^{-bx}$$

のように書きます。Im は imaginary number（虚数）、Re は real number（実数）を意味します。

このように $e^{i(a+ib)x}$ という関数を使えば、波を簡単に表現できます。また、先ほど見たように、微分もサインやコサインより指数関数の方が簡単なのです。このため、波を表す方法として科学のすべての分野でよく使われています。

このように、波を表現するのに虚数を使うわけですが、量子力学とそれ以外の分野（例えば、電気系）では1つ大きな違いがあります。電気系などの分野で虚数を使うのは数式で波を表現するのに便利だからであり、ここで見たように式の実部か虚部のどちらかで波を表現できます。したがって、虚数を使わなくても波は表現できるのです。

それに対して、量子力学では、その中核であるシュレディンガー方程式そのものが虚数を含んでいます。量子力学によると、電子は波と粒子の2つの性質を持っていますが、その波はシュレディンガー方程式と呼ばれる数式（波動方程式）で表されます。シュレディンガー方程式での虚数の存在は便宜的なものではなく、量子力学の本質的な性質であると考えられています。また、シュレディンガー方程式を解いて得られた波の関数が実部と虚部を含む場合は、そのどちらかのみで波が表されるのではなく、両者に意味があると考えます。

■波動関数

波は私たちにとって身近な存在です。海の波などの水面の波はよく目にしますし、音波や電磁波も身近な波の一種です。また、電子や光子などの量子力学の対象となる粒子も、波としての性質を持っています。波を表す式を「波動関数」と呼びますが、この波動関数は、物理学においては極めて広い分野で使われています。その波動関数を見てみましょう。

波動関数は次の式のように、座標 x と時間 t の2つの変数の関数として表されます。

$$Ae^{i(kx-\omega t)}$$

ここで、振幅 A、座標 x、角振動数 ω、時間 t は実数で、波数 k は複素数(振動する波の場合は実数)です。この式は、また

$$=Ae^{ikx}e^{-i\omega t}$$

と書くこともできるし、k が実数の場合には、

$$=A\{\cos(kx-\omega t)+i\sin(kx-\omega t)\}$$

と書くこともできます。

これからこの式の説明をします。まず、x 軸上のある場所で振動している波を考えましょう。図2-3は、x 軸上での振動と時間軸上の振動を表しています(図はどちらも虚部、すなわちサインを表しています)。

x 軸上で振動したり減衰したりする波は、e^{ikx} と書けま

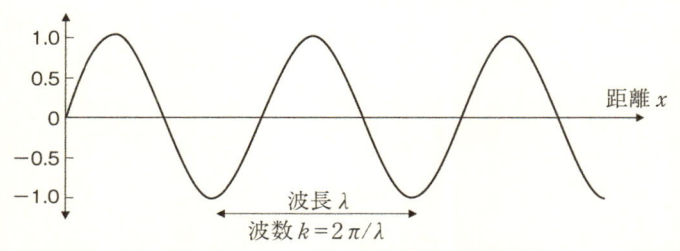

$e^{ikx} = \cos kx + i \sin kx$ は、空間的に振動する波を表します。上図は波数 k が実数の波の虚部 $\sin kx$ を表します。

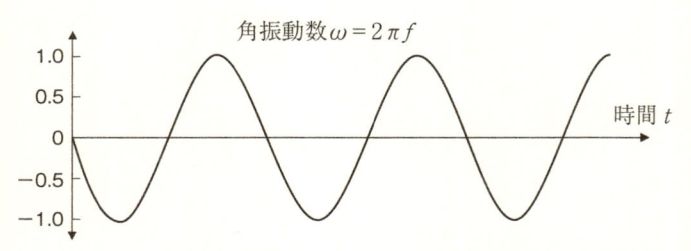

$e^{-i\omega t} = \cos(-\omega t) + i \sin(-\omega t)$ は、時間的に振動する波を表します。上図は波の虚部 $\sin(-\omega t)$ を表します。

図2-3 波動と波数と角振動数の関係

す。x は x 座標上の位置です。波数 k は、波がサイン波の場合は実数であり、減衰か増大する波の場合は、虚数になります。k が実数の場合には、波長 λ と $k = \dfrac{2\pi}{\lambda}$ の関係があります。

次に時間軸上の振動は $e^{-i\omega t}$ で表されます。ω は角振動数で振動数 f の 2π 倍です。2π（ラジアン）は、360度のことですから、$2\pi f$ は、波の位相が1秒間に回った角度を表しています。

波は空間的に広がり、かつ時間的に振動しています。そこで先ほどの式のように、この2つのかけ算で表されます。
　波の進行を見るために、図2-4の上図には、4分の1周期後の時間（$\omega t = \dfrac{\pi}{2}$ なので $t = \dfrac{\pi}{2\omega}$）の波 $\sin(kx - \omega t)$ を灰色で示しています。また、その下には、$\sin(kx + \omega t)$ の $t=0$ と $t = \dfrac{\pi}{2\omega}$ の波を表しています。このように ωt の前の符号がマイナスの時は、右（x 軸のプラスの方向）に進む波であり、プラスのときは、左（x 軸のマイナス方

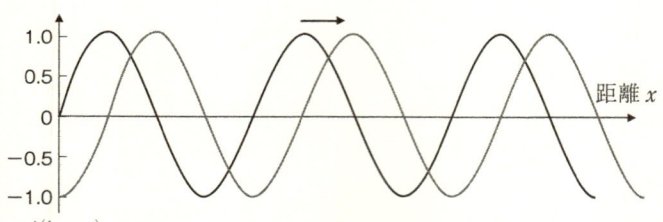

$e^{i(kx-\omega t)}$ の虚部 $\sin(kx - \omega t)$ の $t=0$ と $t = \pi/2\omega$（4分の1周期後：灰色）の波（ただし、k は実数）。この図から、右に進む波であることがわかります。

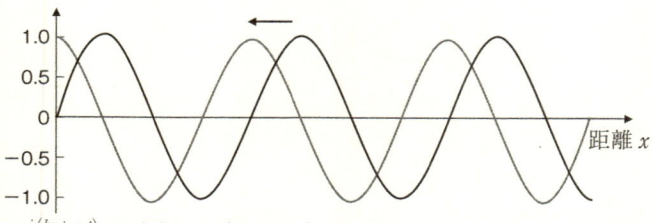

$e^{i(kx+\omega t)}$ の虚部 $\sin(kx + \omega t)$ の $t=0$ と $t = \pi/2\omega$（4分の1周期後：灰色）の波（ただし、k は実数）。この図から、左に進む波であることがわかります。

図2-4　右に進む波と左に進む波

向)に進む波になることを頭に入れておきましょう。

■18世紀を代表する数学者、オイラー

「オイラーの公式」を生み出したオイラーは、1707年にフーリエより約60年早く、スイスのバーゼルに生まれた、18世紀を代表する数学者です。オイラーが生まれたとき、微積分の創始者であるニュートン(1642〜1727)とライプニッツ(1646〜1716)はまだ存命していました。オイラーは神童で、13歳でバーゼル大学の哲学部に入学し、15歳で卒業しました。その2年後の17歳で修士の学位を得ました。ライプニッツが没したのはオイラーが9歳のときで、ニュートンが没したのはオイラーが19歳のときでした。

バーゼル大学でオイラーは、優れた科学者を生み出し続けたベルヌーイ一族の知遇を得ました。オイラーの父も、ベルヌーイ家と親交がありました。オイラーの父は牧師で、かつてバーゼル大学でヤコブ・ベルヌーイ(1654〜1705)の講義を受けており、かつ、ヤコブ・ベルヌーイの自宅に下宿していました。オイラーはヤコブの弟のヨハン・ベルヌーイ(1667〜1748)から数学の指導を受けました。もっとも講義を受けたわけではなく、数学書をオイラーが自習し、疑問点のみを教えて

オイラー

ダニエル・ベルヌーイ
ルドルフ・フーバー筆

もらうという形式だったそうです。

オイラーはまた、ヨハンの息子でオイラーより7歳年上のダニエル・ベルヌーイと友人になりました。ダニエルは、流体力学と気体分子運動論の元祖とも呼ぶべき科学者で、さらに第1章でも触れたように、フーリエ級数の元祖であるとも言えます。ダニエルは、弦の振動が、ある基本となる周波数の振動と、その整数倍の周波数の振動の和で書き表されるのではないかと考えました。振動をサイン波の足し算で書けると考えたわけで、このアイディアはフーリエ級数の先駆けになりました。

ダニエルは、1725年にロシアのアカデミーに職を得ました。2年後の1727年に、ダニエルの助力によりオイラーもロシアのアカデミーに職を得ました。当時、科学者のポストは極めて少数でした。ダニエルはロシアに8年間滞在し、オイラーはロシアの首都であるサンクトペテルブルグに14年間留まりました。

18世紀には、パリのアカデミーとプロイセンのアカデミーが科学的問題に関する懸賞を多く出し、オイラーとダニエルはともに多くの懸賞で賞を獲得しました。これらの懸賞には、ヨハン・ベルヌーイとダニエルの親子がともに応募したことがあり、それにダニエルが勝利したことか

ら、ベルヌーイ親子は険悪な関係に陥ったこともあったようです。

オイラーは精力的に仕事に取り組む人でした。1740年ごろまでに片目の視力を失いました。本人は作図等の過労が原因であると考えていたようです。

オイラーは1741年にプロイセンのアカデミーに移り、ベルリンに滞在しました。啓蒙専制君主として有名なプロイセンの王フリードリヒ二世（1712〜1786）の招きによるものです。フリードリヒ二世は、1740年に王位を継いだばかりでした。王は日常語としてドイツ語を使わずフランス語を話し、プロイセンのアカデミーの復興や富国強兵に努めました。また、ポツダムにサンスーシー宮殿を建てたことで有名です。

当時のドイツは、プロイセンやザクセンなどの小国に分かれていました。フリードリヒ二世は、1740〜1741年と1745年にオーストリアとシュレジエンを争って戦争をし、1756年から1763年にはオーストリアやロシアと七年戦争を戦いました。七年戦争の末期には、国力を使い果たしたプロイセンは絶体絶命の危機に陥りました。一時は、オーストリアとロシアの連合軍がベルリンにも迫ったので、オイラーの生活にも少なからぬ影響を及ぼしたことでしょう。

フリードリヒ二世

しかし、ロシアのエリザヴェータ女帝が亡くなるという予期せぬ偶然によって、危機は去りました。エリザヴェータの後継者として即位したロシアのピョートル三世はドイツ生まれのドイツ育ちで、フリードリヒ二世を信奉していたのです。『ヒトラー最期の12日間』という映画がありましたが、追いつめられたヒトラーが見上げた肖像画がフリードリヒ二世です。

オイラーはベルリンでも数多くの業績をあげました。「オイラーの公式」の発表は、ベルリンに滞在中の1748年でした。1766年にフリードリヒ大王との関係がまずくなると、オイラーは25年間滞在したベルリンを離れ、再びサンクトペテルブルグに戻りました。

時のロシアの支配者は、こちらも啓蒙専制君主として有名なドイツ生まれのエカチェリーナ二世（1729～1796）になっていました（ちなみに、江戸への航海中に遭難しアリューシャン列島に流れ着いた大黒屋光太夫がエカチェリーナ二世に面会したのは、1791年のことです）。ピョートル三世は、絶体絶命のプロイセンを救った講和によってロシア国内で不人気となり、1762年にエカチェリーナ皇后を中心とするクーデターにより廃位されたのでした。

エカチェリーナ二世

オイラーは、ロシアに

戻って間もなく白内障と思われる病気によって、もう1つの目の視力も失いました。しかし持ち前の抜群の記憶力と、弟子による口述筆記に助けられて、この第2期のロシア滞在時に400もの論文や書籍を刊行しました。

オイラーの数学や物理学における業績は膨大です。身近なところでは、関数を $f(x)$ と書くこと、自然対数の底を e と書くこと、虚数を i と書くこと、円周率を π と書くこと、級数の和を Σ で書くことなどもオイラーが導入しました。本書の記号のかなりが、オイラーのお陰であると言えます。

オイラーはまた、数学の研究者として偉大だっただけでなく、教科書や啓蒙書の執筆にも意欲的に取り組みました。論文や著書の出版数は、900近くにものぼりました。もともと、極めて才能に恵まれていたためか、自身の業績のプライオリティ（優先権）にはほとんど関心がなく、同時に他人の業績のプライオリティにも関心がなかったようで、そのため、プライオリティに敏感な他の数学者たちをとまどわせたこともあったようです。オイラーの没年は1783年で、フランス革命が始まる6年前でした。

■複素形式への変換

複素数を使うと、波を表すのに便利だということがわかりました。とすると、フーリエ級数も複素数を使って表すことができれば、とても便利になることでしょう。ということで、フーリエ級数の複素形式への変換に取り組みましょう。

まず、オイラーの公式を使うとコサインやサインは次の (2-1) 式や (2-2) 式のように書けます。オイラーの公式の

$$e^{in\theta} = \cos n\theta + i \sin n\theta$$

と

$$e^{-in\theta} = \cos(-n\theta) + i \sin(-n\theta)$$
$$= \cos n\theta - i \sin n\theta$$

の両辺どうしを足すと $\cos n\theta$ が求められ、引くと $\sin n\theta$ が求められて、

$$\cos n\theta = \frac{e^{in\theta} + e^{-in\theta}}{2} \quad (2\text{-}1)$$

$$\sin n\theta = \frac{e^{in\theta} - e^{-in\theta}}{2i} \quad (2\text{-}2)$$

となります。

このコサインとサインを使うと、(1-13) 式のフーリエ級数は

$$f(\theta) = \frac{a_0}{2} + \sum_{n=1}^{\infty} (a_n \cos n\theta + b_n \sin n\theta)$$
$$= \frac{a_0}{2} + \sum_{n=1}^{\infty} \left(a_n \frac{e^{in\theta} + e^{-in\theta}}{2} + b_n \frac{e^{in\theta} - e^{-in\theta}}{2i} \right)$$
$$= \frac{a_0}{2} + \sum_{n=1}^{\infty} \left(\frac{a_n - ib_n}{2} e^{in\theta} + \frac{a_n + ib_n}{2} e^{-in\theta} \right)$$

となります。この中には、$e^{in\theta}$ の項と $e^{-in\theta}$ の項がありますが、$e^{-in\theta}$ の項を $\frac{a_0}{2}$ の左側に並べ替えてみましょう。すると、

$$=\cdots+\frac{a_2+ib_2}{2}e^{-i2\theta}+\frac{a_1+ib_1}{2}e^{-i\theta}+\frac{a_0}{2}+\frac{a_1-ib_1}{2}e^{i\theta}+\frac{a_2-ib_2}{2}e^{i2\theta}+\cdots$$

となります。

さらに係数の a_n や b_n は、n が正の場合にのみ定義されていましたが、n が負の場合(a_{-1} や a_{-2} など)にも拡張しましょう。この拡張のためには、コサインは偶関数で、サインは奇関数であるという次式の関係を利用します。

$$\cos n\theta = \cos(-n\theta)$$
$$\sin n\theta = -\sin(-n\theta)$$

これを元の (1-9) 式の a_n と (1-10) 式の b_n の式に代入すると、

$$a_n=\frac{1}{\pi}\int_{-\pi}^{\pi}f(\theta)\cdot\cos n\theta d\theta=\frac{1}{\pi}\int_{-\pi}^{\pi}f(\theta)\cdot\cos(-n\theta)d\theta=a_{-n}$$

$$b_n=\frac{1}{\pi}\int_{-\pi}^{\pi}f(\theta)\cdot\sin n\theta d\theta=-\frac{1}{\pi}\int_{-\pi}^{\pi}f(\theta)\cdot\sin(-n\theta)d\theta=-b_{-n}$$

と拡張できます。したがって、フーリエ級数はこの拡張によって

$$f(\theta)=\cdots+\frac{a_2+ib_2}{2}e^{-i2\theta}+\frac{a_1+ib_1}{2}e^{-i\theta}+\frac{a_0}{2}+\frac{a_1-ib_1}{2}e^{i\theta}+\frac{a_2-ib_2}{2}e^{i2\theta}+\cdots$$

$$= \cdots + \frac{a_{-2} - ib_{-2}}{2}e^{-i2\theta} + \frac{a_{-1} - ib_{-1}}{2}e^{-i\theta} + \frac{a_0}{2} + \frac{a_1 - ib_1}{2}e^{i\theta} + \frac{a_2 - ib_2}{2}e^{i2\theta} + \cdots$$

と書き換えられます。さらにここで

$$c_n \equiv \frac{a_n - ib_n}{2} \quad (n \text{ は整数})$$

と定義すると、フーリエ級数は以下のように書き換えられます。

$$f(\theta) = \sum_{n=-\infty}^{\infty} c_n e^{in\theta}$$

いかがでしょう、とても簡単な形になりました。これで、フーリエ級数の複素数への拡張が実現できました。

この c_n も整理しておきましょう。

$$c_n \equiv \frac{a_n - ib_n}{2}$$

$$= \frac{\frac{1}{\pi}\int_{-\pi}^{\pi} f(\theta) \cdot \cos n\theta d\theta - i\frac{1}{\pi}\int_{-\pi}^{\pi} f(\theta) \cdot \sin n\theta d\theta}{2}$$

$$= \frac{1}{2\pi}\int_{-\pi}^{\pi} f(\theta) \cdot (\cos n\theta - i\sin n\theta) d\theta$$

$$= \frac{1}{2\pi}\int_{-\pi}^{\pi} f(\theta) \cdot \{\cos(-n\theta) + i\sin(-n\theta)\} d\theta$$

$$= \frac{1}{2\pi}\int_{-\pi}^{\pi} f(\theta) \cdot e^{-in\theta} d\theta$$

最後のところでは、オイラーの公式を使っています。これもとても簡単な形になりました。

もう一度まとめて結果を書いておきましょう。複素形式のフーリエ級数は、

$$f(\theta) = \sum_{n=-\infty}^{\infty} c_n e^{in\theta} \qquad (2\text{-}3)$$

$$c_n = \frac{1}{2\pi} \int_{-\pi}^{\pi} f(\theta) \cdot e^{-in\theta} d\theta \qquad (2\text{-}4)$$

です。

■周期の拡張——2π から $2L$ へ

これで複素形式への拡張が実現できました。ここまでは、関数 $f(\theta)$ の変数 θ の範囲は $-\pi$ から π の範囲を考えていました。しかし、物理学や他の科学分野で実際に扱う関数の周期は、2π に限られているわけではありません。例えば、方形波にも周期が 2π ではなく、π や 4π のものもあるでしょう。このような関数については、周期を 2π からもっと一般的な $2L$ に拡張する必要があります。

これは一見すると難しいように思いますが、実は変数の変換をするだけなので、中身は簡単です。以下のように、変数を「周期 2π の θ」から「周期 $2L$ の変数 x」に変換してみましょう。すなわち

$$-\pi \leqq \theta \leqq \pi$$

を

$$-L \leqq x \leqq L$$

に変換します。これは、変数 x を、θ を使って次のように定義すればよいわけです。

$$x \equiv \frac{L\theta}{\pi} \quad \left(\therefore \theta = \frac{\pi x}{L}\right) \qquad (2\text{-}5)$$

θ が $-\pi$ のときには x は $-L$ になり、θ が π のときには x は L になります。

また、変数を θ から x に変換した関数を $\bar{f}(x)$ と書くことにします。式で表すと

$$f(\theta) = f\left(\frac{\pi x}{L}\right) \equiv \bar{f}(x)$$

です。この変数変換で (1-9) 式の a_n や (1-10) 式の b_n を書き換えましょう。置換積分の手順に従って進めます。変数変換のために x を θ で微分します。

$$\frac{dx}{d\theta} = \frac{L}{\pi}$$

$$\therefore dx = \frac{L}{\pi} d\theta \quad \left(\therefore d\theta = \frac{\pi}{L} dx\right) \qquad (2\text{-}6)$$

(2-5) 式と (2-6) 式を、(1-9) 式と (1-10) 式に使います。

第 2 章　複素形式への拡張

$$a_n = \frac{1}{\pi}\int_{-\pi}^{\pi} f(\theta)\cdot\cos n\theta d\theta$$

$$= \frac{1}{\pi}\int_{-L}^{L} f\left(\frac{\pi x}{L}\right)\cdot\cos\left(\frac{n\pi x}{L}\right)\cdot\frac{\pi}{L}dx$$

$$= \frac{1}{L}\int_{-L}^{L}\tilde{f}(x)\cdot\cos\left(\frac{n\pi x}{L}\right)dx$$

b_n も同様に求められます。

$$b_n = \frac{1}{\pi}\int_{-\pi}^{\pi} f(\theta)\cdot\sin n\theta d\theta$$

$$= \frac{1}{\pi}\int_{-L}^{L} f\left(\frac{\pi x}{L}\right)\cdot\sin\left(\frac{n\pi x}{L}\right)\cdot\frac{\pi}{L}dx$$

$$= \frac{1}{L}\int_{-L}^{L}\tilde{f}(x)\cdot\sin\left(\frac{n\pi x}{L}\right)dx$$

(2-4) 式の c_n も同様に書き換えられます。

$$c_n = \frac{1}{2\pi}\int_{-\pi}^{\pi} f(\theta)\cdot e^{-in\theta}d\theta$$

$$= \frac{1}{2L}\int_{-L}^{L}\tilde{f}(x)\cdot e^{-\frac{in\pi x}{L}}dx$$

これで a_n、b_n、c_n が求められました！　これらの a_n、b_n、c_n を使うとフーリエ級数は周期 $2L$ の関数にも対応します。適用範囲が大幅に広がったわけです。もう一度、結果をまとめて書いておきましょう。

実数形式のフーリエ級数

$$f(\theta) = \frac{a_0}{2} + \sum_{n=1}^{\infty}(a_n \cos n\theta + b_n \sin n\theta)$$
$$= \tilde{f}(x) = \frac{a_0}{2} + \sum_{n=1}^{\infty}\left\{a_n \cos\left(\frac{n\pi x}{L}\right) + b_n \sin\left(\frac{n\pi x}{L}\right)\right\}$$
$$a_n = \frac{1}{L}\int_{-L}^{L}\tilde{f}(x)\cdot\cos\left(\frac{n\pi x}{L}\right)dx$$
$$b_n = \frac{1}{L}\int_{-L}^{L}\tilde{f}(x)\cdot\sin\left(\frac{n\pi x}{L}\right)dx$$

複素形式のフーリエ級数

$$f(\theta) = \sum_{n=-\infty}^{\infty}c_n e^{in\theta} \quad (2\text{-}7)$$
$$= \tilde{f}(x) = \sum_{n=-\infty}^{\infty}c_n e^{\frac{in\pi x}{L}}$$
$$c_n = \frac{1}{2L}\int_{-L}^{L}\tilde{f}(x)\cdot e^{-\frac{in\pi x}{L}}dx \quad (2\text{-}8)$$

となります。

■フーリエ級数と量子力学

この複素形式のフーリエ級数が最もよく活躍する分野の一つが量子力学です。量子力学では、電子の波動をシュレディンガー方程式で表します。このシュレディンガー方程式には「時間に依存しない方程式」と、「時間に依存する方程式」があります。このうち「時間に依存しない方程式」は、定常的で安定な状態の電子の波動関数 Ψ（プサイ）を表すもので、次のような式です。

第 2 章　複素形式への拡張

$$-\frac{\hbar^2}{2m}\frac{\partial^2}{\partial x^2}\Psi + V\Psi = E\Psi$$

このように 2 階の微分方程式です。ここで x は位置の座標で、m は電子の質量、V はポテンシャルエネルギーで E は全エネルギーです（この方程式の導出に興味がある方は、拙著の『高校数学でわかるシュレディンガー方程式』をご覧下さい）。一般的な量子力学の教科書では、多くの場合、この方程式を満たす波動関数 Ψ として

$$\Psi = \sum_n a_n \Psi_n$$

という形の関数を仮定するという話から始めます。また、Ψ_n は正規直交系の関数のセットであるという説明も付きます。

　フーリエ級数の知識を持たずに量子力学を学び始めると、ここでつまずいてしまう場合が少なくないようです。そもそも、「ある関数 Ψ を、正規直交系の関数 Ψ_n で展開する」という概念がつかめません。「正規直交系っていったい何だろう？」で止まってしまいます。

　しかし、ここまで本書を読んでいただいた読者の方にはおわかりのように、この波動関数にはフーリエ級数も適用できます。(2-7) 式のフーリエ級数も正規直交系であり、関数 Ψ をフーリエ展開できます。実際に、大学の学部レベルの「時間に依存しないシュレディンガー方程式」の解は、n の数を限定した (2-7) 式でほとんど間に合います。

というわけで、これから量子力学を学ぶ方には、ここまで学んだフーリエ級数の知識が大いに役に立ちます。量子力学の世界もぜひ楽しんで下さい。

さてこれで、「複素形式への拡張」と、「周期2πから$2L$への拡張」により、フーリエ級数の適用範囲は大幅に広がりました。読者のみなさんは、フーリエ級数という大きな峠を一つ越えたことになります。

いよいよ次章では、フーリエ変換への拡張に取りかかりましょう。

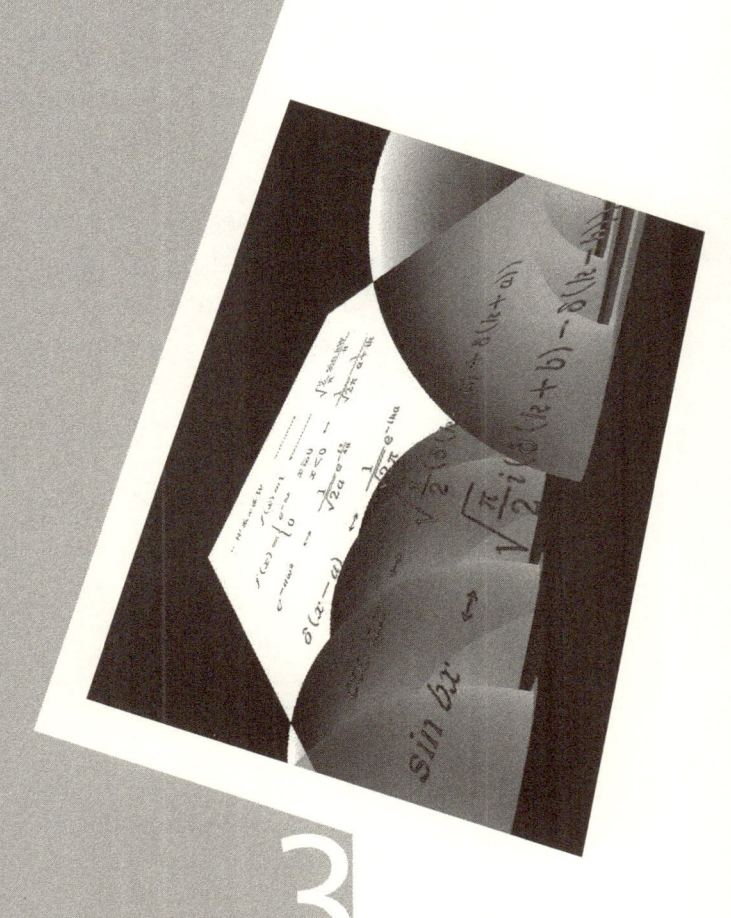

第3章 フーリエ変換への拡張

■ **フーリエ級数からフーリエ変換へ**

　フーリエ級数は周期的に変化する関数を、同じく周期的に変化するサイン波で表すものです。しかし、物理学では、周期的関数ではない単一のパルスをサイン波などで展開する必要が生じる場合もあります。例えば、ここまでの知識でフーリエ展開を適用できたのは、図3-1の上図のような周期的な関数でした。

　一方、単一のパルスとは、図3-1の下図（単一方形パルス）のようなものです。

　この周期的関数ではない単一のパルスもフーリエ級数に

フーリエ級数で展開できるのは、周期的な関数のみ

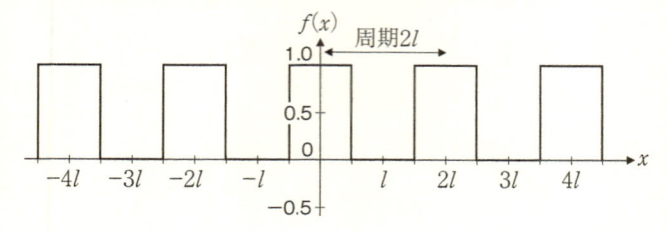

では、単一のパルスを展開したい場合、どうすればよいか？

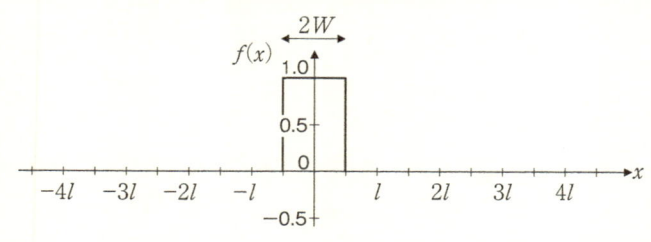

図3-1　周期的な方形波（上図）と、単一の方形波パルス（下図）

第 3 章　フーリエ変換への拡張

展開できれば、応用範囲は飛躍的に広がるでしょう。この単一のパルスに使える方法を、**フーリエ変換**と呼びます。フーリエ級数の利点は、周期的な関数をサインとコサインの足し算で表せることでしたが、フーリエ変換では、「周期的ではない関数」まで対象が広がるのです。さっそく、このフーリエ級数からフーリエ変換への拡張に取り組みましょう。

■フーリエ級数の係数を求める

まず、図3-1の上図の周期的な方形波 $f(x)$ のフーリエ級数を求めてみましょう。これは、高さ1で幅 l、周期 $2l$ の方形波です。この複素形式のフーリエ級数の係数 c_n は(2-8)式より、

$$c_n = \frac{1}{2l}\int_{-l}^{l} f(x) \cdot e^{-\frac{in\pi x}{l}} dx$$
$$= \frac{1}{2l}\int_{-l}^{l} f(x) \cdot \left(\cos\frac{n\pi x}{l} - i\sin\frac{n\pi x}{l}\right) dx$$

です。図3-1の上図の方形波 $f(x)$ は偶関数なので、上式では奇関数である $\sin\frac{n\pi x}{l}$ との積は積分するとゼロになります。よって、コサインの項しか残らないので

$$c_n = \frac{1}{2l}\int_{-l}^{l} f(x) \cdot \cos\frac{n\pi x}{l} dx$$

となります。またここで、$-\frac{l}{2} \leq x \leq \frac{l}{2}$ の範囲で $f(x) = 1$ であり、それ以外の範囲では $f(x) = 0$ なので、積分の

範囲は以下の式のように $-\dfrac{l}{2} \leq x \leq \dfrac{l}{2}$ の範囲に狭められます。$n \neq 0$ の場合と $n=0$ の場合は異なって、

$n \neq 0$ のとき

$$\begin{aligned}
c_n &= \frac{1}{2l} \int_{-l/2}^{l/2} \cos\frac{n\pi x}{l} dx \\
&= \frac{1}{2l} \left[\frac{\sin\dfrac{n\pi x}{l}}{\dfrac{n\pi}{l}} \right]_{-l/2}^{l/2} \\
&= \frac{1}{2n\pi} \left(\sin\frac{n\pi}{2} - \sin\frac{-n\pi}{2} \right) \\
&= \frac{1}{n\pi} \sin\frac{n\pi}{2}
\end{aligned} \qquad (3\text{-}1)$$

となります。

一方、$n=0$ のときは、

$$\begin{aligned}
c_0 &= \frac{1}{2l} \int_{-l/2}^{l/2} \cos\frac{n\pi x}{l} dx \\
&= \frac{1}{2l} \int_{-l/2}^{l/2} 1\, dx \\
&= \frac{1}{2l} \left[x \right]_{-l/2}^{l/2} \\
&= \frac{1}{2}
\end{aligned}$$

となります。これで係数が求められました。

第3章 フーリエ変換への拡張

この結果におもしろい特徴があります。実際に (3-1) 式を使って c_n をいくつか書いてみましょう。

$$n=-3 \quad c_{-3}=-\frac{1}{3\pi}\sin\frac{-3\pi}{2}=-\frac{1}{3\pi}$$

$$n=-2 \quad c_{-2}=-\frac{1}{2\pi}\sin(-\pi)=0$$

$$n=-1 \quad c_{-1}=-\frac{1}{\pi}\sin\frac{-\pi}{2}=\frac{1}{\pi}$$

$$n=0 \quad c_0=\frac{1}{2}$$

$$n=1 \quad c_1=\frac{1}{\pi}\sin\frac{\pi}{2}=\frac{1}{\pi}$$

$$n=2 \quad c_2=\frac{1}{2\pi}\sin\pi=0$$

$$n=3 \quad c_3=\frac{1}{3\pi}\sin\frac{3\pi}{2}=-\frac{1}{3\pi}$$

となります。

これらの係数をグラフにしてみます。次の図3-2です。ここで、横軸の変数を n とし、縦軸を c とします。c は (3-1) 式の右辺と同じで、$c=\frac{1}{n\pi}\sin\frac{n\pi}{2}$ の式で表される量です。このグラフで見ると、係数 c_n は n が整数になる黒丸の点に対応します。

この図で n の値が1異なるごとに、1つずつ点が変わるわけです。まず、この特徴を頭の中に入れておきましょう。

$$c = \frac{1}{n\pi}\sin\frac{n\pi}{2}$$

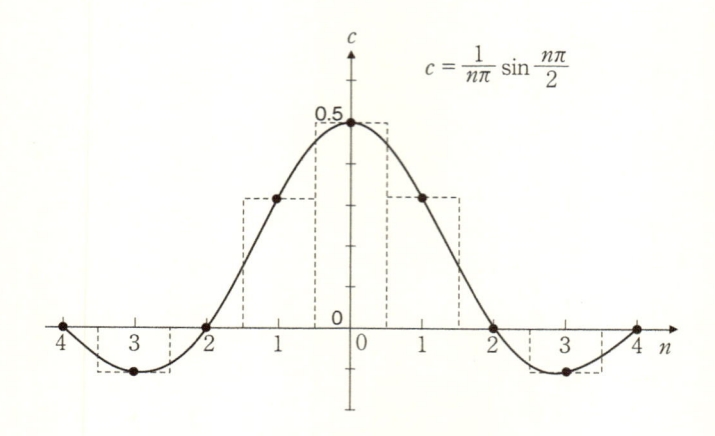

図3-2　周期 $2l$ の場合の C_n

　また、この図だと、$\sum_{n=-\infty}^{\infty} c_n$（図の破線の短冊の面積に対応）と、$\int_{-\infty}^{\infty} c\, dn$（実線の曲線と n 軸に挟まれた部分の面積に対応）は、c_n の点の数が少ないので等しいとは言えません。

■方形波の間隔が広がった場合

　次に方形波の間隔が広がった図3-3のような場合の c_n を求めましょう。方形波の高さが1で幅が l であることは先ほどと同じですが、信号がない部分の幅が l から $3l$ になって3倍に広がっています。これによって、周期も $2l$ から $4l$ に2倍になっています。

　先ほどと同様に係数 c_n を求めてみましょう。サインの項は偶関数なので消えます。まず、$n \neq 0$ のときは、

第3章 フーリエ変換への拡張

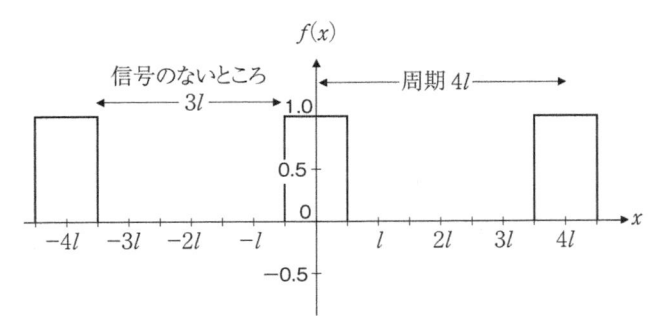

図3-3 周期$4l$の場合の方形波

$$c_n = \frac{1}{4l}\int_{-2l}^{2l} f(x)\cdot\cos\frac{n\pi x}{2l}dx$$

で、先ほどと同じく $-\frac{l}{2} \leq x \leq \frac{l}{2}$ のみで $f(x)=1$ なので

$$=\frac{1}{4l}\int_{-l/2}^{l/2}\cos\frac{n\pi x}{2l}dx$$

$$=\frac{1}{4l}\left[\frac{\sin\frac{n\pi x}{2l}}{\frac{n\pi}{2l}}\right]_{-l/2}^{l/2}$$

$$=\frac{1}{2n\pi}\left(\sin\frac{n\pi}{4}-\sin\frac{-n\pi}{4}\right)$$

$$=\frac{1}{n\pi}\sin\frac{n\pi}{4} \qquad (3\text{-}2)$$

となります。

また、$n=0$ の場合は、

$$c_0 = \frac{1}{4l}\int_{-l/2}^{l/2} \cos\frac{n\pi x}{2l} dx$$

$$= \frac{1}{4l}\int_{-l/2}^{l/2} 1 dx$$

$$= \frac{1}{4l}\Big[x\Big]_{-l/2}^{l/2}$$

$$= \frac{1}{4}$$

となります。

先ほどと同じように、(3-2) 式を使って c_n をいくつか書いてみると

$n=-3$　　　$c_{-3} = -\dfrac{1}{3\pi}\sin\dfrac{-3\pi}{4}$

$n=-2$　　　$c_{-2} = -\dfrac{1}{2\pi}\sin\dfrac{-\pi}{2}$

$n=-1$　　　$c_{-1} = -\dfrac{1}{\pi}\sin\dfrac{-\pi}{4}$

$n=0$　　　$c_0 = \dfrac{1}{4} = 0.25$

$n=1$　　　$c_1 = \dfrac{1}{\pi}\sin\dfrac{\pi}{4}$

$n=2$　　　$c_2 = \dfrac{1}{2\pi}\sin\dfrac{\pi}{2}$

$n=3$　　　$c_3 = \dfrac{1}{3\pi}\sin\dfrac{3\pi}{4}$

第3章 フーリエ変換への拡張

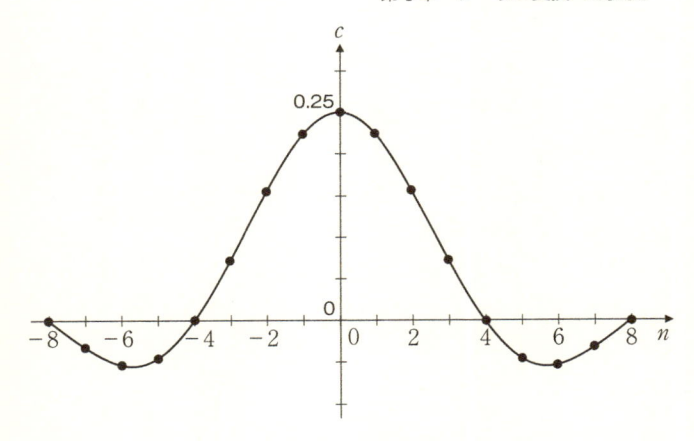

図3-4 周期$4l$の場合のc_n

となります。これらの係数を $c=\dfrac{1}{n\pi}\sin\dfrac{n\pi}{4}$ のグラフとして書くと、図3-4になります。

カーブ上の点が c_n を表します。このグラフの $n=0$ での値（$=c_0$）は先ほどの値の半分の0.25になっています。また、この図は紙面上でカーブの大きさが先ほどの図3-2と同じになるように書いていますが、横軸の縮尺は2倍違っています。nが1異なるごとに点があるということは同じです。おもしろいのは、点の数が図3-2の2倍に増えていて密になっていることです。この場合には $\sum_{n=-\infty}^{\infty} c_n$ と $\int_{-\infty}^{\infty} c\,dn$ は、先ほどよりは近い値になるでしょう。

■**方形波と方形波の間隔がさらに大きい場合**

さて、この方形波と方形波の間隔がもっとずっと広い場

合をさらに考えてみましょう。この方形波は、周期は$2l$のm倍の$2ml$であるとし、このmはとても大きな数であると考えましょう。このmが無限に大きい場合は、図3-1の下図のような単一の方形波になります。

この場合のc_nは、ここまでと同様に（2-8）式のLをmlで置き換えて計算すれば求められます。また、先ほどの2つの結果からも簡単に類推できます。$n \neq 0$ の場合は、周期$2l$で（3-1）式の $c_n = \dfrac{1}{n\pi}\sin\dfrac{n\pi}{2}$ であり、周期$4l$で（3-2）式の $c_n = \dfrac{1}{n\pi}\sin\dfrac{n\pi}{4}$ でした。変わっているのは、サインの中の分母です。とすると、周期$2ml$では、

$$c_n = \frac{1}{n\pi}\sin\frac{n\pi}{2m} \qquad (3\text{-}3)$$

になることがわかります。また、同様に $n=0$ の場合も、c_0 が $\dfrac{1}{2}$ から $\dfrac{1}{4}$ に変化したので、

$$c_0 = \frac{1}{2m}$$

であることがわかります。この c_n をグラフにすると次の図3-5のようになります（$m=10$ の場合）。つまり、c_n の点はあたかも連続な関数のようにたくさんあるのです。したがって、m が無限に大きい場合は、

$$\sum_{n=-\infty}^{\infty} c_n = \int_{-\infty}^{\infty} c\, dn$$

第3章 フーリエ変換への拡張

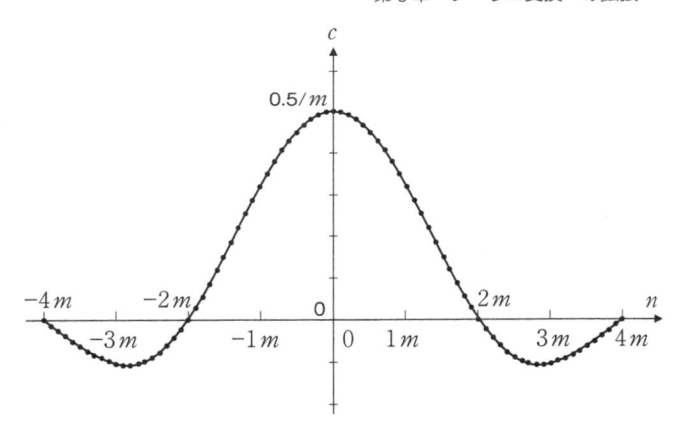

図3-5 周期 $2ml$ の場合の c_n ($m=10$)

が成り立ちます。

■ Σ から積分へ

 この方形波の例で見たように、周期 $2ml$ を長くすると係数 c_n は連続関数のように密になります。これは方形波に限らず他のパルスでも同様に成り立ちます。周期 $2ml$ の場合のフーリエ級数は、

$$f(x) = \sum_{n=-\infty}^{\infty} c_n e^{\frac{in\pi x}{ml}}$$

ですが、図3-5のように、n は整数で、隣の点との距離は1なので、次式のように簡単に積分に置き換えることができます(m は大きな数なので $e^{\frac{in\pi x}{ml}}$ は n の変化に対して極

めてゆっくりしか変化しません)。

$$\sum_{n=-\infty}^{\infty} c_n e^{\frac{in\pi x}{ml}} = \int_{-\infty}^{\infty} c_n e^{\frac{in\pi x}{ml}} dn \qquad (3\text{-}4)$$

ここで $x=0$ の場合は、92ページのいちばん下の式に対応します。(2-8) 式より $L=ml$ の場合の c_n は

$$c_n = \frac{1}{2ml} \int_{-ml}^{ml} f(x) \cdot e^{-\frac{in\pi x}{ml}} dx \qquad (3\text{-}5)$$

となります。ここで、

$$k \equiv \frac{n\pi}{ml} \qquad (3\text{-}6)$$

とおいて変数を n から k に変換すると、その微分の関係

$$\frac{dk}{dn} = \frac{\pi}{ml} \quad \left(\therefore dn = \frac{ml}{\pi} dk\right)$$

も使って (3-4) 式と (3-5) 式は以下のように変形できます。

$$\begin{aligned} f(x) &= \int_{-\infty}^{\infty} c_n e^{\frac{in\pi x}{ml}} dn \\ &= \int_{-\infty}^{\infty} c_n e^{ikx} \frac{ml}{\pi} dk \end{aligned} \qquad (3\text{-}7)$$

$$c_n = \frac{1}{2ml} \int_{-ml}^{ml} f(x) \cdot e^{-ikx} dx \qquad (3\text{-}8)$$

(3-7) 式に (3-8) 式の c_n を代入して整理すると、

第3章 フーリエ変換への拡張

$$f(x) = \int_{-\infty}^{\infty} \Big(\frac{1}{2ml}\int_{-ml}^{ml} f(x)\cdot e^{-ikx}dx\Big)e^{ikx}\frac{ml}{\pi}dk$$

$$= \frac{1}{\sqrt{2\pi}}\int_{-\infty}^{\infty}\Big(\frac{1}{\sqrt{2\pi}}\int_{-ml}^{ml} f(x)\cdot e^{-ikx}dx\Big)e^{ikx}dk$$

となります。ここで、単一のパルスを扱うには $m\to\infty$ とすればよいので

$$f(x) = \frac{1}{\sqrt{2\pi}}\int_{-\infty}^{\infty}\Big(\frac{1}{\sqrt{2\pi}}\int_{-\infty}^{\infty} f(x)\cdot e^{-ikx}dx\Big)e^{ikx}dk$$

となります。これは単一パルスを表す関数にまで対応できるように拡張したフーリエ展開です。これを次のように分解して、それぞれ**フーリエ変換**と**フーリエ逆変換**と呼びます。上式のカッコの中がフーリエ変換に対応し、その外側が、フーリエ逆変換です。

フーリエ変換

$$\mathcal{F}[f(x)] = F(k) \equiv \frac{1}{\sqrt{2\pi}}\int_{-\infty}^{\infty} f(x)\, e^{-ikx}dx \quad (3\text{-}9)$$

フーリエ逆変換

$$\mathcal{F}^{-1}[F(k)] = f(x) \equiv \frac{1}{\sqrt{2\pi}}\int_{-\infty}^{\infty} F(k)\, e^{ikx}dk \quad (3\text{-}10)$$

ここで、$\mathcal{F}[\ ]$ と $\mathcal{F}^{-1}[\ ]$ はそれぞれフーリエ変換とフーリエ逆変換を表す記号です。

なお、このフーリエ変換とフーリエ逆変換の定義式で

は、両者とも $\frac{1}{\sqrt{2\pi}}$ がついていますが、これを一方にまとめて

$$\text{フーリエ変換} \quad F(k) \equiv \int_{-\infty}^{\infty} f(x) e^{-ikx} dx$$

$$\text{フーリエ逆変換} \quad f(x) \equiv \frac{1}{2\pi} \int_{-\infty}^{\infty} F(k) e^{ikx} dk$$

と定義する場合もあります。どちらを使うかは、分野によって異なるので、読者のみなさんが実際に使う場合は注意して下さい。

さてこれでフーリエ変換にたどり着きました! とても大きな前進です。

■単一方形パルスのフーリエ変換

フーリエ変換に到達したので、その具体的な実例として、途中まで計算した単一方形パルスのフーリエ変換を求めてみましょう。

単一方形パルスの c_n は、(3-3) 式として途中まで求まっています。フーリエ変換を表す (3-9) 式と、c_n を表す (3-8) 式を見比べると、両者の間に

$$F(k) = \frac{1}{\sqrt{2\pi}} \int_{-\infty}^{\infty} f(x) e^{-ikx} dx$$

$$= \frac{2ml}{\sqrt{2\pi}} \times \frac{1}{2ml} \int_{-\infty}^{\infty} f(x) e^{-ikx} dx$$

の関係があることがわかります。

なので、これに（3-3）式の c_n を代入すれば、単一方形パルスのフーリエ変換が求まります。

$$= \frac{2ml}{\sqrt{2\pi}} \times \frac{1}{n\pi} \sin\frac{n\pi}{2m}$$

ここで、（3-6）式を使って、変数 n を k に変換すると、

$$= \frac{2n\pi}{k\sqrt{2\pi}} \times \frac{1}{n\pi} \sin\frac{kml}{2m}$$

$$= \sqrt{\frac{2}{\pi}} \frac{\sin\frac{kl}{2}}{k}$$

となります。これが単一方形パルスのフーリエ変換です。ただし、サインの中の2分の1の表記がわずらわしいので、$W \equiv \frac{l}{2}$ と定義することにしましょう。これは、図3-1の下図のように、方形波の幅を $2W$ と定義することを意味します。するとフーリエ変換は、

$$= \sqrt{\frac{2}{\pi}} \frac{\sin kW}{k}$$

と少し簡単になります。

次章では、代表的な関数のフーリエ変換の実例を見てい

きましょう。

■同時代の天才たち

フーリエが活躍した時代、政治的動乱が続くフランスでは、ラグランジュ、ラプラス、ポアソン、コーシー、ガロアらの数学の天才たちが活躍しました。図3-6のように、フーリエはナポレオンとほとんど同い年でした。ラプラスは、ナポレオンより20歳年長です。エコール・ポリテクニクとエコール・ノルマルの設立によって、フーリエに続く数学者が続々と登場しました。

一方、諸外国に目を向けると、ドイツでは大数学者ガウスがフーリエとほぼ同時期に活動していました。また、北

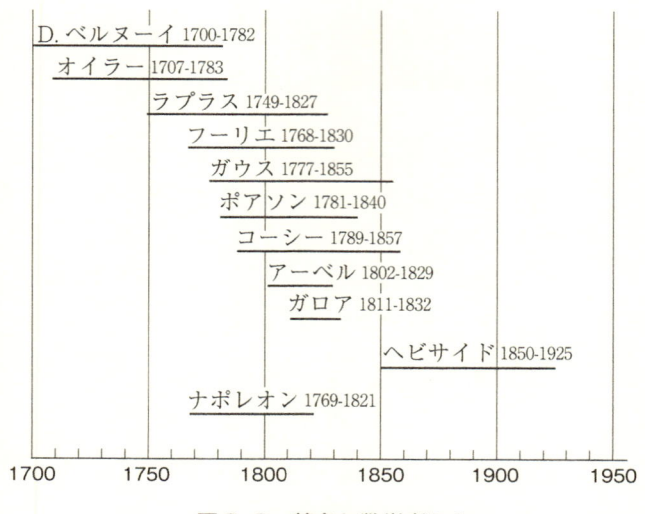

```
D. ベルヌーイ 1700-1782
  オイラー 1707-1783
     ラプラス 1749-1827
        フーリエ 1768-1830
        ガウス 1777-1855
         ポアソン 1781-1840
          コーシー 1789-1857
           アーベル 1802-1829
            ガロア 1811-1832
               ヘビサイド 1850-1925
          ナポレオン 1769-1821
1700    1750    1800    1850    1900    1950
```

図3-6 著名な数学者たち

欧のノルウェーからはアーベル（1802〜1829）が登場しました。

　同時代の著名な物理学者には、アンペール（1775〜1836）、アボガドロ（1776〜1856）、ファラデー（1791〜1867）などがいます。ニュートン力学は、オイラーやラグランジュ、ラプラスらの活躍によって完成の時期を迎え、一方電磁気学は、アンペールやファラデーらの活躍によって、創立の時代を迎えていました。

第4章
代表的な関数のフーリエ変換

■指数関数のフーリエ変換

　フーリエ変換という大きな坂を上ったので、ここで代表的な関数のフーリエ変換を見ていきましょう。フーリエ変換で実際に使う可能性が高い関数です。険しい山の坂道を登ってみると、きれいな花（関数）が咲き乱れる素晴らしい草原があなたを待っていた、というわけです。

　まず、あらゆる科学分野で最もよく使われる指数関数を見てみましょう。a が正の実数である指数関数について考えます。ただし、次式のように $x<0$ ではゼロであるとします。

$$f(x) = \begin{cases} e^{-ax} & x \geq 0 \\ 0 & x < 0 \end{cases} \quad (a>0)$$

グラフに書くと次のような形をしています（図4-1）。

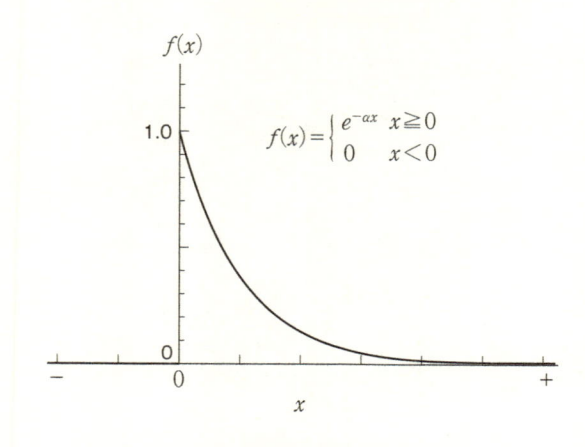

図4-1　減衰を表す指数関数

第4章 代表的な関数のフーリエ変換

　この指数関数は、「減衰を表す関数」として、物理学や様々な科学分野で頻繁に使われています。このフーリエ変換を計算すると、

$$F(k) = \frac{1}{\sqrt{2\pi}} \int_{-\infty}^{\infty} f(x) e^{-ikx} dx$$

$$= \frac{1}{\sqrt{2\pi}} \int_{0}^{\infty} e^{-(a+ik)x} dx$$

$$= \frac{-1}{\sqrt{2\pi}} \left[\frac{e^{-(a+ik)x}}{a+ik} \right]_{0}^{\infty}$$

となります。ここで a は正なので、$x \to \infty$ のときは $e^{-ax} \to 0$ となり、

$$= \frac{1}{\sqrt{2\pi}} \frac{1}{a+ik}$$

となります。

　結果は、分母に虚数が残るという見慣れない格好をしています。この関数の理解を深めるために、$F(k)$ を実数部分と、虚数部分にまとめてみましょう。

$$\frac{1}{\sqrt{2\pi}} \frac{1}{a+ik} = \frac{1}{\sqrt{2\pi}} \frac{a-ik}{(a+ik)(a-ik)}$$

$$= \frac{1}{\sqrt{2\pi}} \frac{a-ik}{a^2+k^2}$$

なので

$$\mathrm{Re}\{F(k)\} = \frac{1}{\sqrt{2\pi}} \frac{a}{a^2+k^2} \quad \text{実部}$$

$$\mathrm{Im}\{F(k)\} = \frac{1}{\sqrt{2\pi}} \frac{-k}{a^2+k^2} \quad \text{虚部}$$

となります。ここで Re と Im は、複素数の実部と虚部を表す記号です。これらの関数は変数 k に関してグラフにすると、図4-2のような形をしています。

$\frac{a}{a^2+k^2}$ は図4-2の上図のように左右対称の偶関数で、**ローレンツ型関数**と呼びます。しかも、おもしろいことには、この面積が π に等しくなります。計算してみましょう。以下のように、途中で $k = a\tan\theta$ とおいた変数変換を行います（タンジェントやその微分を忘れてしまった方は、付録をご覧下さい）。k の積分範囲は $-\infty$ から ∞ までですが、対応する θ の積分範囲は $-\frac{\pi}{2}$ から $\frac{\pi}{2}$ です。

$$\begin{aligned}
\int_{-\infty}^{\infty} \frac{a}{a^2+k^2} dk &= \int_{-\pi/2}^{\pi/2} \frac{a}{a^2(1+\tan^2\theta)} \frac{dk}{d\theta} d\theta \\
&= \int_{-\pi/2}^{\pi/2} \frac{1}{a(1+\tan^2\theta)} \frac{a\, d\tan\theta}{d\theta} d\theta \\
&= \int_{-\pi/2}^{\pi/2} \frac{1}{(1+\tan^2\theta)} (1+\tan^2\theta)\, d\theta \\
&= \int_{-\pi/2}^{\pi/2} d\theta = \pi
\end{aligned}$$

このように、面積が π であることがわかります。

第4章 代表的な関数のフーリエ変換

$\dfrac{\alpha}{\alpha^2+k^2}$

ローレンツ型関数

0.5

$\alpha = 2$

$\dfrac{-k}{\alpha^2+k^2}$

$\alpha = 2$

α

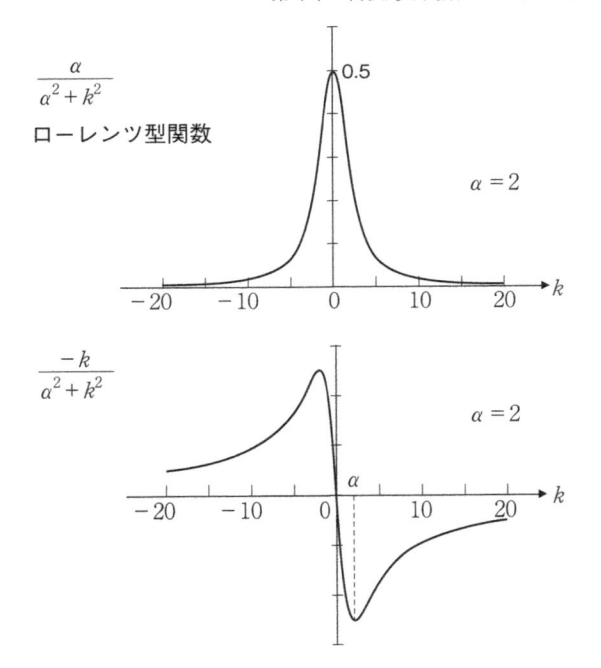

図4-2　指数関数のフーリエ変換

一方、$-\dfrac{k}{\alpha^2+k^2}$ は図4-2の下図のような形をした奇関数です。この図からわかるように、k が大きいときには分母の k^2 が α^2 より十分大きくなって α^2 を無視できるので、ほとんど $-\dfrac{1}{k}$ に等しくなります。また、$k=\alpha$ でピークを持ちます。

物理学では、

$$\frac{1}{a+ik}$$

という一見奇妙な関数に出会うことがありますが、「この実部がローレンツ型関数であり、これが減衰を表す指数関数のフーリエ変換であること」を頭に入れておくと、なにかと役に立つことでしょう。

■ガウシアンの半値全幅

指数関数と同じく、様々な科学分野でよく使われる関数に**ガウシアン**があります。ガウシアンとは、**ガウス型関数**とも呼ばれますが、e^{-ax^2} という形をしたものです。指数関数との違いは、x が2乗になっていることです。つりがねの形に似ているので、英語では通称で Bell curve とも呼ばれています。これからガウシアンのフーリエ変換に取り組みますが、その前にごく簡単にガウシアンがどのような関数か見てみましょう。図4-3がガウス型関数です。

ピークの半分の高さになるときの全横幅を**半値全幅**と呼びます。英語では、Full Width at Half Maximum と呼び、略してFWHMと書きます。パルスの幅を定義するとき、高さの3分の2のところとか、あるいは4分の1のところの幅とかにしてもよいのですが、通常は「高さの半分の全横幅」がわかりやすいので、FWHMが使われます。この幅の値は、ガウシアンを様々な科学分野で使う際に重要なので求めてみましょう。

$y=e^{-ax^2}$ は、$x=0$ がピークで、その値は $y=1$ です。

第4章　代表的な関数のフーリエ変換

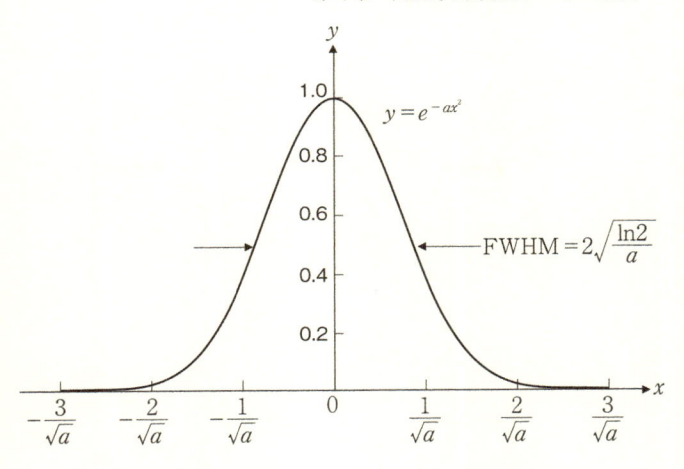

図4-3　ガウシアン（ガウス型関数）

よって、半分の高さは $\frac{1}{2}$ です。したがって、半分の高さになる x 座標は、

$$e^{-ax^2} = \frac{1}{2}$$

を解くと求まります。これはFWHMの半分の横幅なので、2倍するとFWHMが求まるというわけです。上式の両辺の自然対数をとると、

$$-ax^2 = \ln\left(\frac{1}{2}\right)$$
$$= \ln 1 - \ln 2$$

$$= -\ln 2$$

となります。自然対数 (natural logarithm) は、高校の数学では $\log_e$ と表しますが、大学では ln と書くのが一般的です。l は logarithm を表し、n は natural を表しています。

この式から x を求めると、

$$x = \pm\sqrt{\frac{\ln 2}{a}}$$

となります。よって、FWHM はこの 2 倍の $2\sqrt{\frac{\ln 2}{a}}$ で、約 $\frac{1.66}{\sqrt{a}}$ です。

■ **ガウシアンのフーリエ変換**

このガウシアンのフーリエ変換を求めてみましょう。ただし、以下の求め方は少し変則的でクネクネと道が曲がっているので、迷わないように注意して下さい。

まず、フーリエ変換の式を書いてみます(ここでは、変数を k と x から ω と t に変えています)。

$$G(\omega) = \frac{1}{\sqrt{2\pi}} \int_{-\infty}^{\infty} e^{-at^2} e^{-i\omega t} dt \qquad (4\text{-}1)$$

このフーリエ変換を求めるために、両辺を変数 ω で微分します。この微分によって 2 ページほど後ろの (4-2) 式が得られるのですが、この (4-2) 式が $G(\omega)$ に関する微分方程式になっているので、(4-2) 式を解いて $G(\omega)$ を

求めます。回りくどいのですが、これが手順です。まず、(4-1) 式を微分してみましょう。

$$\frac{dG(\omega)}{d\omega} = \frac{d}{d\omega}\left(\frac{1}{\sqrt{2\pi}}\int_{-\infty}^{\infty}e^{-at^2}e^{-i\omega t}dt\right)$$

ここで微分と積分の順番を入れ替えます。

$$= \frac{1}{\sqrt{2\pi}}\int_{-\infty}^{\infty}\frac{d}{d\omega}(e^{-at^2}e^{-i\omega t})dt$$

$$= -\frac{i}{\sqrt{2\pi}}\int_{-\infty}^{\infty}te^{-at^2}e^{-i\omega t}dt$$

となります。ここで部分積分の公式を使いたいのですが、そのために次の関係を使います。

$$\frac{d}{dt}e^{-at^2} = -2ate^{-at^2}$$

$$\therefore te^{-at^2} = -\frac{1}{2a}\frac{d}{dt}e^{-at^2}$$

これを先ほどの積分の中に代入して、部分積分の公式を使うと、

$$\frac{dG(\omega)}{d\omega} = \frac{i}{2a\sqrt{2\pi}}\int_{-\infty}^{\infty}\left(\frac{d}{dt}e^{-at^2}\right)e^{-i\omega t}dt$$

$$= \frac{i}{2a\sqrt{2\pi}}\left(\left[e^{-at^2}e^{-i\omega t}\right]_{-\infty}^{\infty} + i\omega\int_{-\infty}^{\infty}e^{-at^2}e^{-i\omega t}dt\right)$$

となります。かっこの中の第1項は、$t \to \pm\infty$ でともにゼ

ロに収束して消えるので ($a>0$ なので $e^{-at^2}\to 0$)、

$$=\frac{-\omega}{2a\sqrt{2\pi}}\int_{-\infty}^{\infty}e^{-at^2}e^{-i\omega t}dt$$

となります。これはガウシアンのフーリエ変換を表す (4-1) 式を含むので、

$$=\frac{-\omega}{2a}G(\omega)$$

となります。さて、この少し長い計算でたどり着いたのは、この $G(\omega)$ に関する微分方程式

$$\frac{dG(\omega)}{d\omega}=\frac{-\omega}{2a}G(\omega) \qquad (4\text{-}2)$$

です。そこでこの微分方程式を解けば、$G(\omega)$ が求まります。

まず、右辺の $G(\omega)$ は左辺に移しておきます。次に両辺を ω で積分します。すると、

$$\int\frac{1}{G(\omega)}\frac{dG(\omega)}{d\omega}d\omega=\int\frac{-\omega}{2a}d\omega \qquad (4\text{-}3)$$

となります。

この左辺は、置換積分を利用すると、

$$\int\frac{1}{G(\omega)}\frac{dG(\omega)}{d\omega}d\omega=\int\frac{1}{G(\omega)}dG(\omega)$$

となるので、これを積分すると、

$$= \log G(\omega) + C_1$$

となります。ここで、C_1 は積分定数です。

一方、右辺は、そのまま積分して

$$\int \frac{-\omega}{2a} d\omega = \frac{-1}{2a} \frac{\omega^2}{2} + C_2$$

となります。ここで、C_2 は積分定数です。よって、(4-3)式の左辺=右辺より、

$$\log G(\omega) = \frac{-\omega^2}{4a} + C_2 - C_1$$

となります。対数を外して、指数関数に書き換えると、

$$G(\omega) = e^{-\frac{\omega^2}{4a} + C_2 - C_1}$$

となります。$e^{C_2 - C_1}$ も定数なので、これを定数 C' と定義すると、

$$G(\omega) = C' e^{-\frac{\omega^2}{4a}}$$

となります。

この式の形を見ればわかるように、これもガウシアンです。したがって、ガウシアンのフーリエ変換もガウシアンであることがわかります。

最後に、C' を求めましょう。この式に $\omega = 0$ を代入すると、

$$G(0) = C'$$

となります。したがって、$G(0)$ を求めれば良いということになります。この $G(0)$ は、もともとの (4-1) 式から求められます。すると、

$$G(0) = \frac{1}{\sqrt{2\pi}} \int_{-\infty}^{\infty} e^{-at^2} dt$$

です。この積分はガウス積分と呼ばれるもので、$\sqrt{\frac{\pi}{a}}$ になります(付録参照)。よって、

$$G(\omega) = C' e^{-\frac{\omega^2}{4a}}$$
$$= \frac{1}{\sqrt{2a}} e^{-\frac{\omega^2}{4a}} \qquad (4\text{-}4)$$

となります。ちょっと長い計算ですが、ようやくたどり着きました(なお、「複素関数論」を使えば、もっと簡単に計算できます)。

この結果をまとめると、

ガウシアン e^{-at^2} のフーリエ変換は $\dfrac{1}{\sqrt{2a}} e^{-\frac{\omega^2}{4a}}$ である

です。

なお、同様にして $e^{-b\omega^2}$ のフーリエ逆変換を求めると、

ガウシアン $e^{-b\omega^2}$ のフーリエ逆変換は $\dfrac{1}{\sqrt{2b}} e^{-\frac{t^2}{4b}}$ である

となります。

■ガウシアンのフーリエ変換の応用例

ガウシアンのフーリエ変換の応用例として、光（電磁波）のパルスを考えてみましょう。現在、世界中で光通信の伝送路として光ファイバーが使われています。光ファイバーは、極めて透明度の高い石英ガラスでできた極細のガラスの管で、外径は$100\mu m$(マイクロメートル：1×10^{-6}m) 程度で、中心の光が通る部分の直径は$10\mu m$ほどです。長い距離を低損失で光信号を飛ばすことができるため、電話やインターネットなどの世界中の通信を支えています。

光ファイバーケーブル
南あわじ市HPより

図4-4はその吸収特性を表すグラフで、波長$1.55\mu m$で光の吸収が最も少なくなっています。波長$1.55\mu m$は可視光の波長$0.4\sim 0.75\mu m$から大きく外れているので、人間の眼ではまったく見ることはできません。

この波長$1.55\mu m$を中心として、図4-5のような電界の振幅を持つ光パルスを想定しましょう。図4-5の左のグラフのように横軸に周波数や波長をとり、縦軸に電界や光（電磁波）の強度をとったグラフを**スペクトル**と呼びます

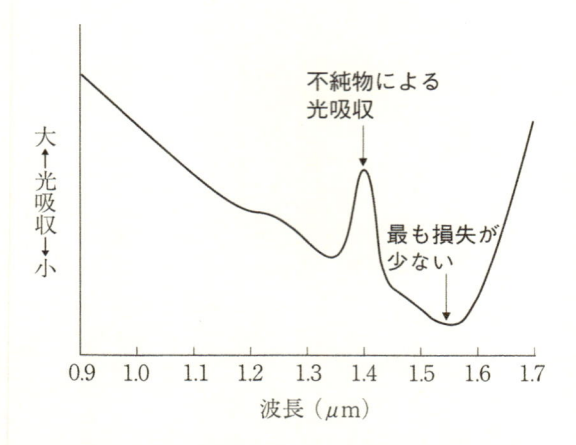

図4-4 石英ガラス光ファイバーの吸収特性

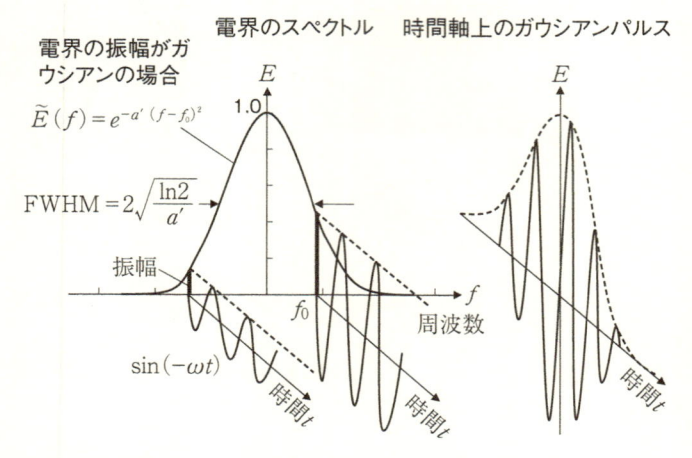

(縦軸: 大←光吸収→小、横軸: 波長(μm) 0.9〜1.7)

- 不純物による光吸収 (1.4付近)
- 最も損失が少ない (1.55付近)

電界の振幅がガウシアンの場合

$$\widetilde{E}(f) = e^{-a'(f-f_0)^2}$$

$$\mathrm{FWHM} = 2\sqrt{\frac{\ln 2}{a'}}$$

電界のスペクトル (縦軸 E、横軸 f 周波数、中心 f_0、ピーク1.0)

振幅 — $\sin(-\omega t)$ — 時間 t

時間軸上のガウシアンパルス (縦軸 E、横軸 時間 t)

各周波数のサイン波(左図)を足すと、時間軸上のガウシアンパルス(右図)になります。

図4-5 電界のスペクトル(左図)と時間軸上のガウシアンパルス(右図)の関係を表す模式図

(「スペクトル」はニュートンによる命名で、図4-4もその一種です)。ここでは、この図4-5のスペクトルのように電界の振幅はガウシアンで表されるとします。この電界の振幅を $\tilde{E}(f)$ と書くと、ガウシアンの中心の振動数(=周波数)を f_0 (=光速/1.55μm) として、

$$\tilde{E}(f) = e^{-a'(f-f_0)^2}$$

と書けます。この FWHM (半値全幅) は、先ほど求めたように、$2\sqrt{\dfrac{\ln 2}{a'}}$ です。

ある振動数 f の電界の波は、振幅 $\tilde{E}(f)$ のサイン波なので、角振動数 $\omega = 2\pi f$ を使って

$$e^{-a'(f-f_0)^2} \sin(-\omega t)$$

と表すことができます。これは図4-5の左図のサイン波です。サイン波はこのスペクトルの全周波数にあるわけですが、図では2ヵ所の周波数でのサイン波のみを例示しています。この電界の波(サイン波)が重なり合って(計算上は足し合って)、図4-5の右図の時間軸上の電界のパルス $E(t)$ を構成します。なので、この電界のパルスは、周波数 f の積分で書いて

$$\begin{aligned} E(t) &= \int_{-\infty}^{\infty} e^{-a'(f-f_0)^2} \sin(-\omega t)\, df \\ &= \int_{-\infty}^{\infty} e^{-a'(f-f_0)^2} \operatorname{Im}[e^{-i\omega t}]\, df \\ &= \operatorname{Im}\left[\int_{-\infty}^{\infty} e^{-a'(f-f_0)^2} e^{-i\omega t}\, df \right] \end{aligned}$$

となります。これに $f\to\omega$ の変数変換を行うと $\dfrac{d\omega}{df}=2\pi$ より、

$$=\mathrm{Im}\left[\frac{1}{2\pi}\int_{-\infty}^{\infty}e^{-a(\omega-\omega_0)^2/4\pi^2}e^{-i\omega t}d\omega\right] \quad (4\text{-}5)$$

となります。この積分の計算には、先ほどのガウシアンのフーリエ変換の (4-4) 式を使えます。まず、$\omega'\equiv\omega-\omega_0$ と定義して変数変換をすると、

$$=\mathrm{Im}\left[\frac{1}{2\pi}\int_{-\infty}^{\infty}e^{-a'\omega'^2/4\pi^2}e^{-i(\omega'+\omega_0)t}d\omega'\right]$$

$$=\mathrm{Im}\left[\frac{e^{-i\omega_0 t}}{2\pi}\int_{-\infty}^{\infty}e^{-a'\omega'^2/4\pi^2}e^{-i\omega' t}d\omega'\right]$$

$$=\mathrm{Im}\left[\frac{e^{-i\omega_0 t}}{\sqrt{2\pi}}\frac{1}{\sqrt{2\pi}}\int_{-\infty}^{\infty}e^{-a'\omega'^2/4\pi^2}e^{-i\omega' t}d\omega'\right]$$

となります。この積分は (4-1) 式のガウシアンのフーリエ変換に対応するので $\left(a=\dfrac{a'}{4\pi^2}\right)$、その結果の (4-4) 式を使うと、

$$=\mathrm{Im}\left[\frac{e^{-i\omega_0 t}}{\sqrt{2\pi}}\frac{1}{\sqrt{2\times\dfrac{a'}{4\pi^2}}}e^{-\frac{t^2}{4\times\frac{a'}{4\pi^2}}}\right]$$

$$=\mathrm{Im}\left[\sqrt{\frac{\pi}{a'}}e^{-\frac{\pi^2 t^2}{a'}}e^{-i\omega_0 t}\right]$$

$$=\sqrt{\frac{\pi}{a'}}e^{-\frac{\pi^2 t^2}{a'}}\sin(-\omega_0 t)$$

となります。

この関数をグラフにしたのが図4-6です。短い周期の振動が、この $\sin(-\omega_0 t)$ によるものです。振動の最大値は、点線で書いたガウシアン $\sqrt{\dfrac{\pi}{a'}}e^{-\frac{\pi^2 t^2}{a'}}$ に内接しています。この点線で書いた曲線のことを**包絡線**(ほうらくせん)と呼びます。「包む」という漢字が意味するように、点線の曲線が実線の曲線を包み込んでいます。英語では、envelope と呼びますが、この英単語には「封筒」という意味もあります。この図は時間軸上の電界のパルスを表しています。

この結果は、周波数軸上でガウシアンの振幅を持つ電界を重ね合わせると、時間軸上の電界のパルス(の包絡線)

$$E(t) \propto e^{-\frac{\pi^2 t^2}{a'}}\sin(-\omega_0 t)$$

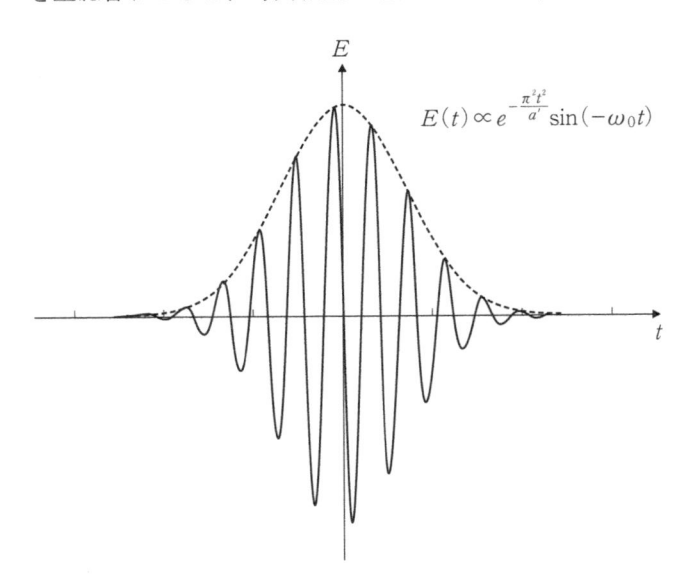

図4-6 時間軸上の電界のパルス

もガウシアンになることを表しています(図4-5の左図と右図の関係)。そして数学的にはこの関係がフーリエ変換になっているわけです。

電波で信号を送る際に、この包絡線に信号を乗せる場合があります。図4-6の包絡線はガウシアンパルスですが、他の様々な波形を包絡線に乗せることも可能です。そのような電波を、振幅変調(Amplitude Modulation:AM波)と呼びます。ただし、その波長は「いわゆる光」の波長ではなく、波長の長いラジオ波などの「いわゆる電波」の領域で使われます。また、サイン波 $\sin(-\omega_0 t)$ を**搬送波**と呼びます。新聞のラジオ欄にはAMラジオ局の周波数が、594kHzとか1134kHzなどと書かれていますが、これが搬送波の周波数で、包絡線に音の信号を乗せています。

■光パルスの時間幅とスペクトル幅の関係

電磁波は、電界と磁界の波で構成されています。光の波の強度 $I(f)$ は、電界の振幅 $E(f)$ の2乗に比例するという関係があります(この関係については、拙著『今日から使える電磁気学』(p.131〜134)などの、電磁気学の解説書をご覧下さい)。

$$I(f) \propto E(f)^2$$

したがって、周波数軸上の光の強度の振幅は、電界の振幅の2乗に比例します。先ほどのガウシアンの電界のパルスでは次式のようになります。

第 4 章 代表的な関数のフーリエ変換

$$\tilde{I}(f) \propto \tilde{E}(f)^2 = e^{-2a'(f-f_0)^2} \quad (4\text{-}6)$$

この「周波数軸上の光の強度の振幅」が通常、分光器で測定される光のスペクトルです。このガウシアンのFWHMは、先ほどのFWHMの計算結果を利用すると $2\sqrt{\dfrac{\ln 2}{2a'}}$ であることがわかります。

また、光パルスの強度の時間変化(パルス) $I(t)$ も、電界の時間変化の 2 乗に比例するので、

$$I(t) \propto E(t)^2 = e^{-\frac{2\pi^2 t^2}{a'}} \sin^2(-\omega_0 t)$$

となります。この関数をグラフにしたのが図4-7です。この包絡線のFWHMは $2\sqrt{\dfrac{a' \ln 2}{2\pi^2}} = \dfrac{\sqrt{2a' \ln 2}}{\pi}$ になります。

光の振動数のスペクトルのFWHMである $\varDelta f$ と、時間軸上の光パルスのFWHMである $\varDelta t$ をかけると

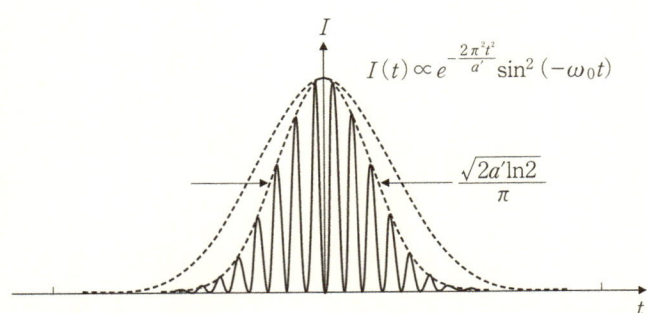

外側の点線は、電場のパルスの包絡線を表し、内側の点線は、光の強度($\propto$電場の 2 乗)の包絡線を表します。

図4-7 光パルスと半値全幅

$$\Delta f \times \Delta t = 2\sqrt{\frac{\ln 2}{2a'}} \times \frac{\sqrt{2a' \ln 2}}{\pi}$$

$$= \frac{2 \ln 2}{\pi}$$

$$= 0.441 \tag{4-7}$$

となります。ガウシアンの光パルスでこの積が0.441になるとき、これを**フーリエ変換の限界（transform limit）のパルス**と表現します。

　この Δf と Δt の関係を、実際に数値を使って見てみましょう。例えば、波長1.55μm（=1550nm：ナノメートルは1マイクロメートルの1000分の1）の光パルスのスペクトルのFWHMが、1nmであったとします。この場合、FWHMは波長1550.5nmと1549.5nmではさまれた幅です。このそれぞれの波長の周波数 f（=光速/波長）は、光速が秒速29.9792万キロメートルであることから

29.9792万 km/1550.50nm＝29.9792×10^{8}m/1.55050×10^{-6}m
　　　　　　　　　　　＝1.93352×10^{14}Hz
　　　　　　　　　　　＝193.352THz　（テラヘルツ）

と

29.9792万 km/1549.50nm＝29.9792×10^{8}m/1.54950×10^{-6}m
　　　　　　　　　　　＝1.93477×10^{14}Hz
　　　　　　　　　　　＝193.477THz　（テラヘルツ）

と求まります（テラヘルツ：10^{12}Hz）。よって、スペクト

第4章　代表的な関数のフーリエ変換

ルの FWHM は、

$$\Delta f = 193.477\text{THz} - 193.352\text{THz}$$
$$= 0.125\text{THz}$$

となります。ここで、(4-7) 式のフーリエ変換の限界（トランスフォームリミット）の関係を使うと、

$$\Delta t = \frac{0.441}{\Delta f}$$
$$= \frac{0.441}{0.125\text{THz}}$$
$$= 3.528 \times 10^{-12}\text{s}$$
$$= 3.528\text{ps}$$

と求まります。つまり、スペクトル幅1nmの周波数のサイン波を重ねると、時間幅3.5ps（ピコ秒：10^{-12}s）の光パルスになることを意味しています。

では次に、スペクトルの FWHM が10nmの場合はどうなるでしょうか。この場合、FWHM は波長1555nmと1545nmではさまれた幅となり、先ほどより Δf が10倍に広がります。したがってこのときにパルスの時間幅は (4-7) 式の関係から、10分の1になるということがわかります。先ほどと同様の計算を波長1555nmと1545nmで行うと、

$$\Delta f = 194.040\text{THz} - 192.792\text{THz}$$
$$= 1.248\text{THz}$$

$$\Delta t = \frac{0.441}{\Delta f}$$

$$= \frac{0.441}{1.248 \text{THz}}$$

$$= 0.3534 \times 10^{-12} \text{s}$$

$$= 0.3534 \text{ps}$$

となり、パルス幅は0.35psになります。このようにスペクトル幅を10倍に広くするとパルスの時間幅は10分の1に短くなります。

レーザーを使って実際に光パルスを発生させると、いくつかの物理的要因によりFWHMの積が0.441より大きな値になってしまう場合があります。その場合は、トランスフォームリミットの光パルスより時間幅の広い光パルスになります。このトランスフォームリミットのパルスは、「周波数の幅」を決めたとき「最も時間幅の短い光パルス」を理論的に与えます。トランスフォームリミットの光パルスは時間幅が最も短い理想的なパルスであると言えます。

■ハイゼンベルクの不確定性関係

ガウシアンの光パルスの「周波数スペクトルのFWHM」と「時間軸上のFWHM」をかけると、0.441と等しいか、あるいはそれより大きくなるという関係は、物理学のある有名な関係を表しています。それは**ハイゼンベルクの不確定性関係**です。

量子力学の知識によると、振動数 f にプランク定数 h

をかけるとエネルギーになります。そこで（4-7）式に h をかけると、エネルギーの FWHM である ΔE と時間の FWHM である Δt のかけ算になります。その結果は、

$$h \times \Delta f \Delta t = \Delta E \Delta t = \frac{2h \ln 2}{\pi}$$
$$= 4 \ln 2 \hbar$$
$$= 2.77 \hbar$$
$$\approx \hbar$$

となり（エイチバー：$\hbar \equiv \dfrac{h}{2\pi}$）、ハイゼンベルクの不確定性関係

$$\Delta E \Delta t \geqq \hbar$$

に対応していることがわかります。つまり、フーリエ変換での光パルスのエネルギー幅と時間幅の関係は、量子力学のハイゼンベルクの不確定性関係に対応しているのです。先ほど計算してみたように、エネルギーの幅 ΔE を10倍広くすると、時間幅 Δt は10分の1に短くなります。

物理学や化学の分光学では、「非常に高速の現象」を「高いエネルギー分解能」で測定することが望まれます。しかし、短い時間 Δt を測定しようとすればするほど、不確定性原理によってエネルギーの分解能 ΔE は広く（＝悪く）なります。したがって、「非常に高速の現象」を「高いエネルギー分解能」で測定するのは不可能なのです。

■光ファイバーの帯域

　光ファイバーは、図4-4のように、波長1.55μm付近で最も光の吸収が少なく遠くまで光を飛ばせます。この最も透過率が高い波長1530〜1565nmの領域を、通信工学の分野ではC-bandと呼んでいます。C-bandはconventional-bandの略で、conventionalは「通常の」とか「従来の」という意味です。このC-bandより短波長側の波長1460〜1530nmはS-bandと呼ばれており、これはshort bandの略です。また、波長1565nmより長波長側はL-bandと呼ばれており、これはlong bandの略です。波長1.55μm付近では、現在おもにC-bandが使われていますが、今後、光通信の需要が増えると、S-bandやL-bandの帯域も利用されると考えられています。

　ここでは、このC-bandの全帯域のスペクトルを使ってどれぐらい多くの信号を送れるかを考えてみましょう。全部使えば、先ほどのトランスフォームリミットの関係から極めて時間幅の短い光パルスが出せることがわかります。C-bandのスペクトル幅は35nmあるので、図4-8のようにガウシアンスペクトルの裾がこの幅におおよそ入るようにすると、FWHMはその約3分の1の12nmほどになります。先ほど計算した10nmの1.2倍で、パルス幅は0.3psになります。

　このように極めてパルス幅が狭いので、時間軸上にたくさんの光パルスを並べることができます。0.3psの光パルスを図4-8の下図のように時間軸上にぎっしり並べれば、1秒間に10の12乗個のパルスを送ることができます。光通

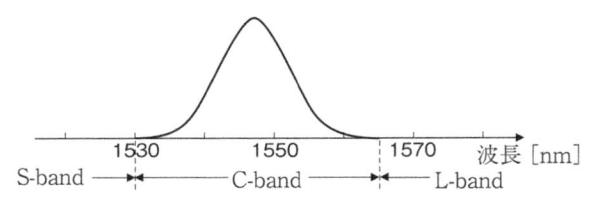

第 4 章　代表的な関数のフーリエ変換

C-band のすべての帯域を使うガウシアンスペクトルを持つ光パルスのパルス幅は、0.3ps です。1ps ごとにパルスを送るとすると、1 秒間に送られるパルスは、10^{12} 個であり、これは 1Tbit の情報量になります。

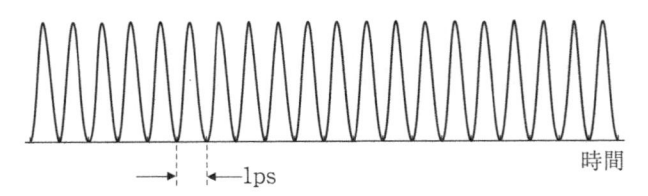

図4-8　時分割多重伝送の概念図

信では、光パルス 1 個の強度がゼロか 1 かの二進法で 1bit の信号を送ります。10 の 12 乗個のパルスは、1Tbit（テラビット＝10^{12}ビット）に相当します。このように時間軸上にたくさんの光パルスを並べる伝送方法を、**時分割多重伝送**と呼びます。

一方、この C-band の帯域を 10 個の波長領域（10 チャンネル）に分割して、それぞれに波長の異なる 10 種類のパルスを送ることも可能です。こちらの場合は、スペクトル幅が先ほどの 10 分の 1 なので、パルスの時間幅は 10 倍になります。つまり 1 チャンネルで送れる情報量は 10 分の 1 に減ってしまったわけです。しかし、これが 10 チャンネルあ

るので、送ることができる情報量は先ほどと同じです。こちらの手法は、波長を分割して情報を伝送するので、**波長分割多重伝送**と呼ばれています（図4-9）。

この両者には、それぞれ利点と欠点があります。例えば波長分割多重伝送では、信号の送信に使う光源として、この例では、波長ごとに10個の半導体レーザーが必要となり、信号の受信には10個の受光素子が必要になります。これに対して、時分割多重伝送では、それぞれ1個で済むので、時分割多重伝送の方がレーザーなどの初期コストは10分の1で済むということになります。

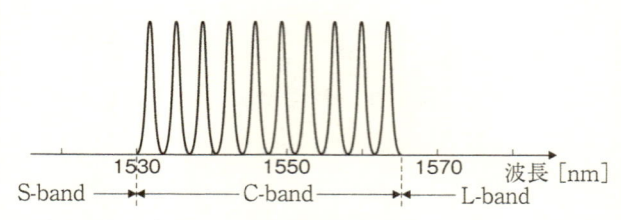

C-bandを10波長（10チャンネル）に分けます。各チャンネルのスペクトル幅は先ほどの10分の1なので、パルス幅は10倍の3psになります。下図のように10psごとにパルスを送るとすると、1秒間のパルスは10^{11}個で、0.1Tbitの情報量になります。これが10波長なので、トータルの伝送量は1Tbitで同じです。

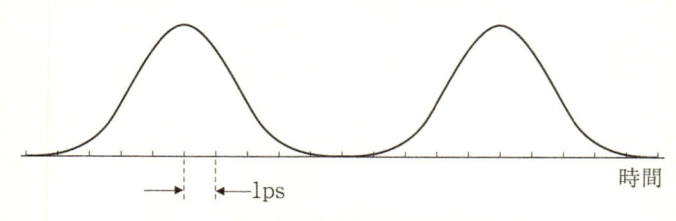

図4-9　波長分割多重伝送の概念図

一方、C-bandの帯域すべてを使う時分割多重伝送には、スペクトル幅が広すぎるために生じるある欠点があります。それはスペクトル幅が広すぎると、パルス幅が広がりやすいということです。波長1530nmと波長1565nmでは、光ファイバーを構成する石英ガラスの屈折率がわずかに異なります。真空での光速をcとすると、屈折率nの媒質中の光速は$\frac{c}{n}$です。このため短波長側と長波長側で光の速度が異なるので(より正確には、群速度分散という効果によります)、ファイバーの中を伝搬しているうちに光パルスの形が崩れて広がってしまうのです。波長分割多重伝送でも同じ影響があるのですが、1チャンネルごとのスペクトル幅が狭いので(この例では10分の1)、影響が相対的に小さいのです。

では、現在、どちらの方式の研究開発が精力的に行われているかというと、波長分割多重伝送です。理由は、C-bandすべての帯域を使う超短光パルス(パルス幅0.3ps)を発生させる半導体レーザーが現時点で存在しないということと、そのような高速の光信号を時間遅れなく電気信号に変える技術が存在しないためです。最も高速のトランジスタでも、その応答時間は10psぐらいです。パルス幅0.3psだとその30分の1の時間なので、とてもトランジスタを使った電気回路では追いつかないのです。このため、2009年現在では、1チャンネルに40Gbit(ギガビット=10^9ビット)の情報を乗せて、それを数十チャンネル使う波長分割多重伝送が開発中です。40Gbitだと、25psごとにパルスを送ることになります。

このトランスフォームリミットの知識で得たように、使用する周波数の幅を決めてしまうと、その帯域で伝送できる最大の通信容量（上限）が決まってしまいます。これは、光ファイバーだけでなく、テレビ放送や、携帯電話の電波でも同様に成り立ちます。現時点では、その帯域を上限まで使い切る技術を人類はまだ持っていないので、今後も開発は続いていきます。

　通信容量の増大により、インターネットは、文字中心から、静止画の伝送に発展し、さらに動画が見られるようになりました。そしてまたさらに動画の高精細化が進んでいます。テレビにおいても、ハイビジョン放送によって高精細化が実現されました。今後も通信容量の増大によって、画像のさらなる高精細化や3次元化が進むことでしょう。それらの技術開発をフーリエ変換がしっかり支えています。

■ガウス

　ガウス関数に名前を残したガウスとは、どのような数学者だったのでしょう。

　ガウスは、1777年にドイツのブラウンシュバイクに生まれました。フーリエより9年遅く生まれたことになります。目から鼻に抜けるような神童であったことは、よく知られています。例えば、小学生の時に、教師が「1から100までの足し算」の問題を出しました。他の子供たちが、1＋2＋3＋…の計算に躍起になっていたところ、ガウスだけが何もしないで、涼しい顔をしていました。教師がいぶ

かってガウスに声をかけました。すると、ガウスは即座に、「答えは5050です」と答えたのです。このときガウスが考えた計算方法とは、以下のようなものでした。

まず、1から100までの足し算を式に書くと

$$1+2+3+\cdots+50+51+\cdots+98+99+100$$

となります。ガウスは、この最初と最後の1と100を足すと101になり、その次に2と99を足しても101になることにすぐに気づいたのです。この「和が101になるペア」は最後の50＋51までで50個あるので、

$$101\times 50=5050$$

とただちに答えたのでした。

ガウスは1798年にゲッチンゲン大学を卒業しましたが、学生時代に、定規とコンパスで正17角形を作図できることを発見しました。辺の数が奇数の正多角形は、ギリシア時代に正3角形と正5角形が作図できることがわかっていました。ガウスはフェルマー素数と呼ばれる数を使って、正17角形が作図できることを示しました。ギリシア時代から2000年ぶりの進歩で、数学者たちを驚かせました。1801年には『整数論研究』を出版して、ヨーロッパ中で名声を得ました。1807年にゲッチンゲン天文台長になり、生涯この職に留まりました。

ガウスの時代は研究を発表する制度が十分には整っておらず、またガウスは研究に完璧を求めたのですべてを公表したわけではありませんでした。後にガウスが残した日記

ガウス

の調査によって、いくつかの研究においては、他の数学者たちの研究よりも、ガウスの方が早かったことが明らかになりました。

ガウス分布の研究を始めたのは1820年頃で、ハノーバーの測量のためでした。1830年頃には、物理学者のウェーバーと電磁気学について共同研究を行いました。物理学では、「ガウスの法則」と磁束密度の単位「ガウス」に名前を残しています。数学だけでなく物理学を学ぶ人にとっても身近な存在です。

ドイツの地理学者フンボルト（1769〜1859）がパリ滞在中に、「ドイツで最も偉大な数学者は誰ですか」とラプラスに尋ねたという話があります。フンボルトは当然、ガウスの名があがると思っていたところ、ラプラスの口からは別の数学者の名が出ました。フンボルトは驚いて、「ガウスではないのですか」と聞き返すと、「ガウスは最も偉大な数学者です、世界でね」と答えたそうです。また、ガロアは、自分の論文はできればヤコービかガウスに読んでもらいたいと、決闘の前日に友人宛の手紙に書き残しました。

ガウスは、1855年に亡くなりました。歴史上の最も偉大な数学者の一人であると考えられています。

第4章　代表的な関数のフーリエ変換

■デルタ関数

　新しい数学の概念が、数学者だけによってもたらされるとは限りません。ニュートンが力学を構築する際に微分・積分を生み出したように、物理学が数学の発展を促すことが歴史上には度々ありました。また、オイラーやフーリエ、ガウスのように、数学と物理学の両方に取り組んだ研究者も多数存在しました。

　物理学の世界では、20世紀になって量子力学の発展が始まりました。量子力学の創設に関わったイギリスの物理学者ディラックが、新しい関数を考え出しました。それが「デルタ（δ）関数」です。本節では、奇妙でおもしろいデルタ関数を見てみましょう。

　デルタ関数を理解するために図4-10の左上図のような階段状の関数を考えてみましょう。ただし、この階段の角はまるくなっていて、直角にはなっていないものとします。また、この関数の微分はその下の図のようにガウシアンになっているとします。また、このガウシアンの面積は1であるとします。

　デルタ関数も、このガウシアンのような柱状の関数で、面積が1です。ただし、図4-10の右下の図のように、幅は無限に細く、高さは無限に高いとします。また、この幅と高さには、先ほど述べたように面積が1であるという制限がつきます。$x=0$ に位置するデルタ関数を $\delta(x)$ と書き、$x=a$ のところにあるデルタ関数を $\delta(x-a)$ で表すことにします。つまり、カッコの中がゼロになる x 座標にデルタ関数が存在します。面積は1なので積分で書くと、

階段状の関数

階段関数

ガウシアン

デルタ関数

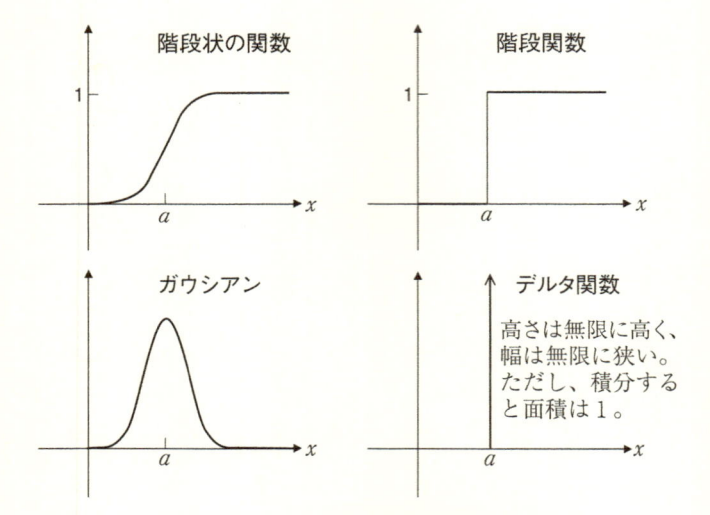

高さは無限に高く、幅は無限に狭い。ただし、積分すると面積は1。

図4-10 デルタ関数と階段関数の関係

$$\int_{-\infty}^{\infty} \delta(x-a)\,dx = 1 \quad (4\text{-}8)$$

です。ただしデルタ関数は角がまるい階段状の関数の微分ではなくて、図4-10の右上の図のような角が直角の階段関数の微分です。この高さ1の直角の関数を（単位）**階段関数**と呼びます。この関数は θ を使って表して

$$\theta(x-a) = \begin{cases} 0 & x < a \\ 1 & x > a \end{cases}$$

となっています。デルタ関数との関係を式で書くと

$$\frac{d\theta(x)}{dx} = \delta(x)$$

です。

　このデルタ関数は、他にもおもしろい性質を持っています。ある関数 $f(x)$ にデルタ関数をかけて積分してみましょう。積分範囲は α から β までで、デルタ関数はこの間の $x=a$ にあるとします（$\alpha<a<\beta$）。部分積分を用いると

$$\int_\alpha^\beta f(x)\delta(x-a)\,dx = \Big[f(x)\theta(x-a)\Big]_\alpha^\beta - \int_\alpha^\beta \frac{df(x)}{dx}\theta(x-a)\,dx$$

となります。階段関数は $x<a$ でゼロなので、右辺の第1項は $x=\beta$ の値だけが残ります。また、第2項では同じく階段関数の性質により、積分範囲が「α から β まで」から「a から β まで」に変わります。よって、

$$= f(\beta) - \int_a^\beta \frac{df(x)}{dx}dx$$
$$= f(\beta) - \Big[f(x)\Big]_a^\beta = f(a)$$

となります。まとめると、

$$\int_\alpha^\beta f(x)\delta(x-a)\,dx = f(a) \quad (\alpha<a<\beta) \quad (4\text{-}9)$$

が得られます。つまり、デルタ関数がある場所（$x=a$）での関数 $f(x)$ の値 $f(a)$ が求まります。あたかも関数

$f(x)$ の、ある場所（$x=a$）のサンプルをとる（試料を採取する）ような働きをするわけです。

ここでは階段関数との関係でデルタ関数の説明を始めましたが、(4-8) 式と (4-9) 式がデルタ関数の定義です。このデルタ関数は従来の関数とは異なる性質を持っているので**超関数**と呼ばれています。

なお、少し考えると、デルタ関数には x を変数として

$$\delta(x-a)=\delta(-x+a) \qquad (4\text{-}10)$$

という性質があることがわかります。この式では $x=a$ のとき、両辺ともカッコの中はゼロになるので、左辺の表記でも、右辺の表記でも、$x=a$ に位置するデルタ関数を表しています。

■デルタ関数のフーリエ変換

次に、このデルタ関数のフーリエ変換を求めてみましょう。いったいどうやって求めるのだろうと、少し心配になる方もいると思いますが、意外に簡単です。

まず、デルタ関数のフーリエ変換の式は、次式の左辺です。

$$\frac{1}{\sqrt{2\pi}}\int_{-\infty}^{\infty}\delta(x-a)e^{-ikx}dx=\frac{1}{\sqrt{2\pi}}e^{-ika} \qquad (4\text{-}11)$$

ここで、左辺の積分に注目すると、この積分は (4-9) 式の $f(x)$ に e^{-ikx} を代入したものと同じであることに気づきます。よって、(4-11) 式の右辺が導けます。というわ

けで、あっという間にデルタ関数のフーリエ変換が求まりました。x 軸の原点にあるデルタ関数の場合は、$a=0$ なので、さらに簡単になって、$\dfrac{1}{\sqrt{2\pi}}$ となります。

次に、この (4-11) 式の右辺のフーリエ逆変換について考えましょう。当然これは $\delta(x-a)$ になる(はずな)ので、次式が成り立ちます。

$$\begin{aligned}\delta(x-a)&=\frac{1}{\sqrt{2\pi}}\int_{-\infty}^{\infty}\frac{1}{\sqrt{2\pi}}e^{-ika}e^{ikx}dk\\&=\frac{1}{2\pi}\int_{-\infty}^{\infty}e^{ik(x-a)}dk\end{aligned} \quad (4\text{-}12)$$

となります。原点にあるデルタ関数の場合は、$a=0$ なので、さらに簡単になって、

$$\delta(x)=\frac{1}{2\pi}\int_{-\infty}^{\infty}e^{ikx}dk \quad (4\text{-}13)$$

となります。この両式は、なんと複素指数関数の積分がデルタ関数であることを表しています。(4-12) 式と (4-13) 式は、超関数であるデルタ関数を、従来の関数で表現していると見なすこともできます。

この (4-13) 式の物理的な意味を、少し考えてみましょう。まず、x を空間の座標とし、k を波数とする場合には、e^{ikx} は波数 k を持つ平面波を表します。よって、(4-13) 式の右辺の積分は、$-\infty$ から $+\infty$ までの波数 k を持つ平面波を足し合わせると、空間的には無限に幅の狭いデルタ関数状のパルスになることを表しています。

また、k と x ではなく、角振動数 ω と時間 t で (4-13) 式を書くと、

$$\delta(t) = \frac{1}{2\pi}\int_{-\infty}^{\infty}e^{i\omega t}d\omega$$

となります。これは、先ほどのガウシアンのところで見た不確定性関係に対応しています。角振動数 ω を $-\infty$ から $+\infty$ まで積分するということは、スペクトル幅が無限に広い波を重ね合わせることを意味していて、このとき無限に時間幅の狭いデルタ関数状のパルスになることを表しています。この (4-12) 式と (4-13) 式の関係は物理学でもたびたび登場するので、暗記しておくと便利です。

このデルタ関数を考え出したディラックは、1902年にイギリスのブリストルで生まれた理論物理学者です。量子力

ディラック

学を築き上げた物理学者の一人で、統計力学の「フェルミ・ディラック分布」に名を残しているので、理工系の大学生にはよくその名を知られています。ディラックは、「ディラック方程式」を考え出しましたが、この方程式から反物質の概念が生まれました。ディラックは、1933年にシュレディンガーとともに、ノーベル物理学賞を受賞しています。

■サインとコサインのフーリエ変換

本章の最後に、サインとコサインのフーリエ変換を求めておきましょう。サインとコサインは、範囲を区切らない限りは無限に続く関数であり、単一のパルスではありません。フーリエ展開を単一のパルスに適用するために、フーリエ変換を導入しましたが、サインやコサインのような無限に続く関数にもフーリエ変換が適用できます。

この計算には、先ほどのデルタ関数が役に立ちます。オイラーの公式を使うと、サインとコサインは (2-1) 式と (2-2) 式のように表せました。したがって、これらを使ってそれぞれのフーリエ変換を求めてみましょう。

まず、コサインのフーリエ変換にこれらの式を使うと

$$\frac{1}{\sqrt{2\pi}} \int_{-\infty}^{\infty} \cos ax \, e^{-ikx} dx$$

$$= \frac{1}{\sqrt{2\pi}} \int_{-\infty}^{\infty} \frac{e^{iax} + e^{-iax}}{2} e^{-ikx} dx$$

$$=\frac{1}{2\sqrt{2\pi}}\int_{-\infty}^{\infty}e^{i(a-k)x}dx+\frac{1}{2\sqrt{2\pi}}\int_{-\infty}^{\infty}e^{i(-a-k)x}dx$$

となります。(4-12)式を使ってデルタ関数に書き換えると

$$=\sqrt{\frac{\pi}{2}}\delta(a-k)+\sqrt{\frac{\pi}{2}}\delta(-a-k)$$

となり、(4-10) 式より、

$$=\sqrt{\frac{\pi}{2}}\{\delta(k-a)+\delta(k+a)\}$$

となります。「x 軸上で無限に続くコサイン波」のフーリエ変換は、「k 軸上では無限に幅が狭い 2 つのデルタ関数の和」で表されるということになります。

次に、サインのフーリエ変換も同様にして

$$\frac{1}{\sqrt{2\pi}}\int_{-\infty}^{\infty}\sin bx\, e^{-ikx}dx=\sqrt{\frac{\pi}{2}}i\{\delta(k+b)-\delta(k-b)\}$$

となります。このようにサインとコサインのどちらのフーリエ変換もデルタ関数で表されます。

■代表的なフーリエ変換

本書で求めた代表的なフーリエ変換を、表にしておきましょう。フーリエ変換が必要になったら、わざわざ積分計算をしなくても、この表を見れば間に合うというわけです。

第4章 代表的な関数のフーリエ変換

単一方形パルス	$-W \leq x \leq W$ の範囲で $f(x)=1$	$\xrightarrow{\text{フーリエ変換}}$ $\xleftarrow{\text{フーリエ逆変換}}$	$\sqrt{\dfrac{2}{\pi}} \dfrac{\sin kW}{k}$
指数関数	$f(x)=\begin{cases} e^{-ax} & x \geq 0 \\ 0 & x<0 \end{cases}$	$\leftrightarrow$	$\dfrac{1}{\sqrt{2\pi}} \dfrac{1}{a+ik}$
ガウシアン	$e^{-a\omega^2}$	$\leftrightarrow$	$\dfrac{1}{\sqrt{2a}} e^{-\frac{t^2}{4a}}$
デルタ関数	$\delta(x-a)$	$\leftrightarrow$	$\dfrac{1}{\sqrt{2\pi}} e^{-ika}$
コサイン	$\cos ax$	$\leftrightarrow$	$\sqrt{\dfrac{\pi}{2}} \{\delta(k-a)+\delta(k+a)\}$
サイン	$\sin bx$	$\leftrightarrow$	$\sqrt{\dfrac{\pi}{2}} i \{\delta(k+b)-\delta(k-b)\}$

表4-1

　さてこれで、読者のみなさんは代表的なフーリエ変換を身に付けたことになります。大きな進歩です。次章では、フーリエ変換の興味深い性質を見ていきましょう。

第5章
フーリエ変換の性質

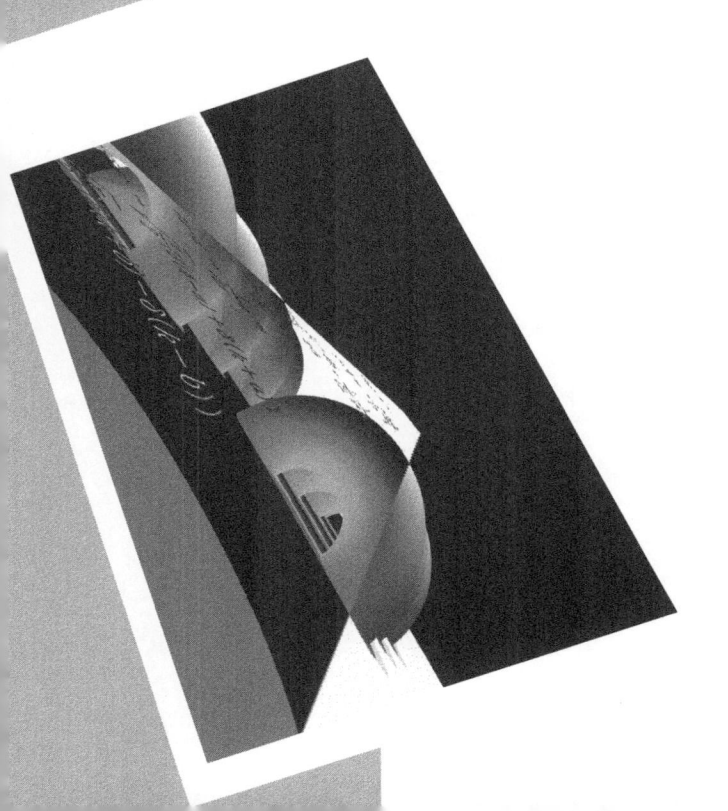

■フーリエ変換の性質

 さて、これで興味深い主な関数のフーリエ変換を理解しました。本書を読む前にフーリエ変換に苦手意識を持っていた方も、これからは、冷静に対処できることでしょう。本書のフーリエ変換のしめくくりとして、ここではフーリエ変換の持つ興味深い性質を見ておきましょう。これらの性質は、本書を卒業した後でのフーリエ変換の計算の際にとても役に立つのです。

■線形性

 まず、最初は**線形性**です。線形性とは、ある関数 $f(t)$ のフーリエ変換が $F(\omega)$ であり、ある関数 $g(t)$ のフーリエ変換が $G(\omega)$ であるときに、

$f(t)+g(t)$ のフーリエ変換は $F(\omega)+G(\omega)$ である

というものです。式で書くと

$$\mathcal{F}[f(t)+g(t)]=F(\omega)+G(\omega)$$

です。この性質は、フーリエ変換が積分であって、その積分そのものに線形性が成り立つので生じます。以下の式を見てみましょう。$f(t)+g(t)$ のフーリエ変換の式は、

$$\frac{1}{\sqrt{2\pi}}\int_{-\infty}^{\infty}\{f(t)+g(t)\}e^{-i\omega t}dt=\frac{1}{\sqrt{2\pi}}\int_{-\infty}^{\infty}\{f(t)e^{-i\omega t}+g(t)e^{-i\omega t}\}dt$$

です。ここで、積分の中の足し算は、ばらばらにして個別に積分してもよいので、

$$= \frac{1}{\sqrt{2\pi}} \int_{-\infty}^{\infty} f(t) e^{-i\omega t} dt + \frac{1}{\sqrt{2\pi}} \int_{-\infty}^{\infty} g(t) e^{-i\omega t} dt$$
$$= F(\omega) + G(\omega)$$

となります。これで証明できました。

この線形性は、$f(t)$ を a 倍した $af(t)$ と、$g(t)$ を b 倍した $bg(t)$ の和をフーリエ変換しても同じように成り立ちます。よって、

$af(t) + bg(t)$ のフーリエ変換は $aF(\omega) + bG(\omega)$ である

ということになります。式で書くと

$$\mathcal{F}[af(t) + bg(t)] = aF(\omega) + bG(\omega)$$

です。

この線形性は様々な場面で役に立ちます。例えば、フーリエ変換すべき関数 $q(t)$ が一見複雑に見えたとしても、その関数をフーリエ変換がわかっている関数 $f(t)$ や $g(t)$ の足し算に分解できれば（$q(t) = af(t) + bg(t)$）、この関係を使うことによってフーリエ変換が簡単になります（$Q(\omega) = aF(\omega) + bG(\omega)$）。

■推移則

次は、**推移則**です。ある関数 $f(t)$ のフーリエ変換が $F(\omega)$ であるとします。推移則は、関数 $f(t)$ の t をシフトさせたときに、そのフーリエ変換がどのように変わるかを表します。その関係は次式のようなものです。

$$\mathcal{F}[f(t-t_0)]$$
$$=\frac{1}{\sqrt{2\pi}}\int_{-\infty}^{\infty}f(t-t_0)e^{-i\omega t}dt=F(\omega)e^{-i\omega t_0}$$

関数 $f(t)$ の t を t_0 推移させたもの(つまり $f(t-t_0)$)をフーリエ変換すると、$F(\omega)$ に $e^{-i\omega t_0}$ をかけたものに等しいというものです。変数 t が時間を表す場合は、**時間推移則**と呼ばれます。

この関係を導きましょう。上式の左辺に $t' \equiv t - t_0$ の変数変換を行うと

$$=\frac{1}{\sqrt{2\pi}}\int_{-\infty}^{\infty}f(t')e^{-i\omega(t'+t_0)}dt'$$
$$=\frac{1}{\sqrt{2\pi}}e^{-i\omega t_0}\int_{-\infty}^{\infty}f(t')e^{-i\omega t'}dt'$$
$$=F(\omega)e^{-i\omega t_0}$$

となります。導けました。

推移則には、$F(\omega)$ の ω をずらした場合の推移則もあります。こちらは、ω が角振動数を表す場合には、**周波数推移則**とも呼ばれます。

$F(\omega-\omega_0)$ のフーリエ逆変換は $e^{i\omega_0 t}f(t)$ である

というもので、式で書くと

$$\mathcal{F}^{-1}[F(\omega-\omega_0)]=$$

$$\frac{1}{\sqrt{2\pi}}\int_{-\infty}^{\infty}F(\omega-\omega_0)e^{i\omega t}d\omega=e^{i\omega_0 t}f(t)$$

です。

この関係を導きましょう。上式の左辺に、$\omega'\equiv\omega-\omega_0$ の変数変換を行うと

$$=\frac{1}{\sqrt{2\pi}}\int_{-\infty}^{\infty}F(\omega')e^{i(\omega'+\omega_0)t}d\omega'$$
$$=\frac{1}{\sqrt{2\pi}}e^{i\omega_0 t}\int_{-\infty}^{\infty}F(\omega')e^{i\omega' t}d\omega'$$
$$=e^{i\omega_0 t}f(t)$$

となります。

■相似性

次に、関数 $f(t)$ の t を a 倍した場合を考えましょう。これは、a が 1 より大きい場合は、関数を t 軸方向に縮めることになり、a が 1 より小さい場合は t 軸方向に伸ばすことになります。まとめると、

$$f(at) \text{ のフーリエ変換は } \frac{1}{a}F\left(\frac{\omega}{a}\right) \text{ である}$$

というものです。式で書くと

$$\mathcal{F}[f(at)]=$$

$$\frac{1}{\sqrt{2\pi}}\int_{-\infty}^{\infty} f(at)\,e^{-i\omega t}dt = \frac{1}{a}F\left(\frac{\omega}{a}\right)$$

です。つまり、t を a 倍すると、フーリエ変換後の ω が a 分の 1 になるわけです。t が時間を表す場合は ω は角振動数なので、この関係は、時間を引き延ばすと周波数が縮み、逆に時間を縮めると周波数が広がることを意味します。すでに説明したハイゼンベルクの不確定性関係と関連性があります。

では、導いてみましょう。上式の左辺に $\tau \equiv at$ の変数変換を行うと

$$=\frac{1}{\sqrt{2\pi}}\frac{1}{a}\int_{-\infty}^{\infty} f(\tau)\,e^{-i\frac{\omega}{a}\tau}d\tau$$

となります。これをもともとのフーリエ変換の定義と比べると、指数関数の肩の ω が $\dfrac{\omega}{a}$ に変わっているので、

$$=\frac{1}{a}F\left(\frac{\omega}{a}\right)$$

となります。簡単に結果が出ました。

■ **微分のフーリエ変換**

$f(t)$ の微分 $\dfrac{df(t)}{dt}$ のフーリエ変換にも、おもしろい関係があります。微分のフーリエ変換を計算してみましょう。次式では、部分積分の公式を使います。

第 5 章 フーリエ変換の性質

$$\frac{1}{\sqrt{2\pi}}\int_{-\infty}^{\infty}\frac{df(t)}{dt}e^{-i\omega t}dt=\frac{1}{\sqrt{2\pi}}\Big[f(t)e^{-i\omega t}\Big]_{-\infty}^{\infty}+\frac{i\omega}{\sqrt{2\pi}}\int_{-\infty}^{\infty}f(t)e^{-i\omega t}dt$$

ここで $f(t)$ は、$t \to \pm\infty$ でゼロに収束するという条件を付けることにします。すると、右辺の第1項は消えるので、

$$=\frac{i\omega}{\sqrt{2\pi}}\int_{-\infty}^{\infty}f(t)e^{-i\omega t}dt$$
$$=i\omega F(\omega)$$

となります。まとめると、

$$\mathscr{F}\left[\frac{df(t)}{dt}\right]=i\omega F(\omega) \qquad (5\text{-}1)$$

ただし、$\lim_{t\to\pm\infty}f(t)=0$ という条件付き

になります。これは、

微分 $\dfrac{df(t)}{dt}$ のフーリエ変換は $i\omega F(\omega)$ である

です。$f(t)$ のフーリエ変換 $F(\omega)$ がわかっていれば、$f(t)$ の微分のフーリエ変換は $F(\omega)$ に $i\omega$ をかけるだけでよいことを表しています。とても役に立つ関係です。

2階微分のフーリエ変換の場合も、類似の関係が成り立ちます。式で書くと

$$\mathscr{F}\left[\frac{d^2f(t)}{dt^2}\right]=(i\omega)^2 F(\omega) \qquad (5\text{-}2)$$

というものです。導いてみましょう。

$$\mathscr{F}\left[\frac{d^2f(t)}{dt^2}\right]=\mathscr{F}\left[\frac{d}{dt}\left\{\frac{df(t)}{dt}\right\}\right]$$

$\frac{df(t)}{dt}$ を関数として見て、(5-1) 式を使うと、

$$=i\omega\mathscr{F}\left[\frac{df(t)}{dt}\right]$$

となります。この右辺に、(5-1) 式を使うと

$$=(i\omega)^2F(\omega)$$

となり、(5-2) 式が導けました。

■積分のフーリエ変換

$f(t)$ の積分 $\int_{-\infty}^{t}f(\tau)d\tau$ のフーリエ変換にも、おもしろい関係が成り立ちます。結果を先に書くと、

$\int_{-\infty}^{t}f(\tau)d\tau$ のフーリエ変換は $\frac{1}{i\omega}F(\omega)$ である

となります。

これを導いてみましょう。まず、

$$g(t)\equiv\int_{-\infty}^{t}f(\tau)d\tau$$

と定義し、このフーリエ変換を $G(\omega)$ とします。両辺を微分すると、

第5章 フーリエ変換の性質

$$\frac{dg(t)}{dt} = f(t)$$

です。この両辺をフーリエ変換すると、

$$\frac{1}{\sqrt{2\pi}}\int_{-\infty}^{\infty}\frac{dg(t)}{dt}e^{-i\omega t}dt = \frac{1}{\sqrt{2\pi}}\int_{-\infty}^{\infty}f(t)e^{-i\omega t}dt$$

となります。この式の右辺は $F(\omega)$ です。一方、左辺は先ほどの (5-1) 式を使うと

$$\frac{1}{\sqrt{2\pi}}\int_{-\infty}^{\infty}\frac{dg(t)}{dt}e^{-i\omega t}dt = i\omega G(\omega)$$

となります(ただし、$\lim_{t \to \pm\infty} g(t) = 0$ という条件付きです)。よって、「左辺=右辺」より

$$i\omega G(\omega) = F(\omega)$$

となり、まとめると、

$$G(\omega) \equiv \mathscr{F}\left[\int_{-\infty}^{t} f(\tau)\,d\tau\right] = \frac{F(\omega)}{i\omega}$$

が得られます。これで導出できました。

このように微分と積分のフーリエ変換は、「積分のフーリエ変換は $F(\omega)$ を $i\omega$ で割ったもの」になり、「微分のフーリエ変換は $F(\omega)$ に $i\omega$ をかけたもの」になるというおもしろい性質を持っています。

■たたみ込み積分

 フーリエ変換の興味深い性質の最後として、たたみ込み積分のフーリエ変換を考えましょう。ある関数 $f(t)$ と $g(t)$ の**たたみ込み積分**というのは、次式で定義されていて、たたみ込み積分を表す記号には、＊（アスタリスク）を使います。

$$f(t) * g(t) \equiv \int_{-\infty}^{\infty} f(\tau) g(t-\tau) d\tau$$

 このフーリエ変換を導いてみましょう。$f(t)$ のフーリエ変換が $F(\omega)$ で、$g(t)$ のフーリエ変換が $G(\omega)$ であるとします。

$$\frac{1}{\sqrt{2\pi}} \int_{-\infty}^{\infty} f(t) * g(t) e^{-i\omega t} dt = \frac{1}{\sqrt{2\pi}} \int_{-\infty}^{\infty} \left\{ \int_{-\infty}^{\infty} f(\tau) g(t-\tau) d\tau \right\} e^{-i\omega t} dt$$

τ と t の積分の順序を交換します。

$$= \frac{1}{\sqrt{2\pi}} \int_{-\infty}^{\infty} f(\tau) \left\{ \int_{-\infty}^{\infty} g(t-\tau) e^{-i\omega t} dt \right\} d\tau$$

$t' \equiv t - \tau$ の変数変換をすると、

$$= \frac{1}{\sqrt{2\pi}} \int_{-\infty}^{\infty} f(\tau) \left\{ \int_{-\infty}^{\infty} g(t') e^{-i\omega t'} e^{-i\omega \tau} dt' \right\} d\tau$$

$$= \frac{1}{\sqrt{2\pi}} \int_{-\infty}^{\infty} f(\tau) e^{-i\omega \tau} \left\{ \int_{-\infty}^{\infty} g(t') e^{-i\omega t'} dt' \right\} d\tau$$

$\{\ \}$ の中は、$\sqrt{2\pi} G(\omega)$ なので

$$= \int_{-\infty}^{\infty} f(\tau) e^{-i\omega\tau} G(\omega) d\tau$$

$$= \int_{-\infty}^{\infty} f(\tau) e^{-i\omega\tau} d\tau \times G(\omega)$$

$$= \sqrt{2\pi} F(\omega) G(\omega)$$

となります。

まとめると、

たたみ込み積分 $f(t) * g(t)$ のフーリエ変換は $\sqrt{2\pi} F(\omega) G(\omega)$ である

です。

このたたみ込み積分が何の役に立つのだろう？ と疑問に感じる方が多いと思いますが、フーリエ変換の少し高度な応用の際に、なかなか有用なのです。例えば、証明は割愛しますが、このたたみ込み積分の関係を使うと、次のパーセバルの等式（プランシュレルの等式とも言う）が導けます。

$$\int_{-\infty}^{\infty} |f(t)|^2 dt = \int_{-\infty}^{\infty} |F(\omega)|^2 d\omega$$

これは、t と ω が時間と角振動数を表す場合には、時間軸上の振幅の2乗の積分と、周波数軸上の振幅の2乗の積分が等しくなることを意味しています。

■フーリエ変換の応用・熱伝導の問題

読者のみなさんは、これでフーリエ変換について重要な

知識をマスターしました。このフーリエ変換の応用分野は、実に多岐にわたります。例えば、物理学では、あらゆる振動現象、熱伝導、分光学、光学、量子力学、電波天文学などで用いられています。また、それ以外の分野では、前章で光通信の帯域に関して述べた通信工学、電気工学、機械工学、制御工学などで幅広く使われています。特に分光学は、様々な物質の解析に用いられるため、化学や生化学、医学などでも極めて重要で、フーリエ変換の重要性は全科学分野に及んでいます。医学でのCTスキャンと呼ばれるコンピュータ断層撮影（X線CTやMRIなど）も、フーリエ変換の賜（たまもの）です。

　これらの分野での応用について解説を始めると、それだけで数冊の本になってしまいます（言うまでもなく、筆者の知識も及びませんが）。また、フーリエ変換の使われ方は、読者のみなさんがこれから使う分野によって、それぞれ異なっています。そこで本章では、フーリエ変換の締めくくりとして、フーリエが取り組んだ熱伝導の問題を取り上げることにします。

　フーリエがフーリエ級数やフーリエ変換の着想を得たのは、熱伝導の問題を解くためでした。熱は高温の領域から低温の領域に流れるという性質を持っています。例えば、熱いコーヒーを常温のテーブルの上に置いておくと、熱いコーヒーの熱は、まわりの低温のコーヒーカップや、空気に逃げていきます。常温のコーヒーを、常温の室内に置いておくと、周りの熱がコーヒーに集まってきて知らないうちにホットコーヒーになっていた、という経験をした人は

第5章 フーリエ変換の性質

皆無でしょう。この「熱が高温から低温の領域に流れる」という熱伝導の不可逆性は、後に**熱力学の第二法則**と呼ばれるようになりました（熱力学の第二法則には、他にも多くの表現があります）。

フーリエが登場するまでは、熱の伝導を数式で表すことができませんでした。フーリエは、熱を拡散現象として考えることによって、1本の長い棒の位置 x の温度 h が

$$\frac{\partial h}{\partial t}=a\frac{\partial^2 h}{\partial x^2} \qquad (5\text{-}3)$$

という式で表せることを導き出しました。ここで、t は時間を表します。a は熱拡散率と呼ばれる係数で、物質によって異なります。本書では、この式の導出は割愛しますが、拡散の問題は拙著の『高校数学でわかる半導体の原理』で取り扱っているので（p.108の（3-5）式に対応。ただし、熱ではなく、電流の拡散です）、ご関心のある方はご覧下さい。

フーリエは、この（5-3）式の解である温度の分布 $h(x, t)$ が、三角関数の波の重ね合わせで表せると考えたのです。ここまで見たように、フーリエ級数やフーリエ変換の特徴は、様々な関数をサイン波などの正規直交系の関数の足し算や積分で表せるというものです。

ここでは、無限に長い棒の1点（ここを x 軸上の原点にとります）にだけ最初に熱を与えて、その後、熱分布が時間的にどのように変化するかを求めてみることにしましょう。無限に長い棒の最初（時間 $t=0$）の位置 x の温

度分布 $h(x, t)$ が、次式のように、デルタ関数のかけ算で表せると仮定します。

$$h(x, 0) = h_0 \delta(x) \qquad (5\text{-}4)$$

デルタ関数で表すということは、最初の熱分布は無限に幅が狭いことを意味します。この後 ($t>0$) の固体内の温度分布がどのようになるか考えてみましょう。解くべき方程式は (5-3) 式で、(5-4) 式は初期条件です。

ここで、$h(x, t)$ の x についてのフーリエ変換が $H(k, t)$ であるとします。この場合、フーリエ変換の関係にあるのは変数 x と変数 k の間だけで、ここでの変数 t はフーリエ変換とは無関係です。この関係は次式のように書けます。

$$\mathscr{F}[h(x, t)] = H(k, t) = \frac{1}{\sqrt{2\pi}} \int_{-\infty}^{\infty} h(x, t) e^{-ikx} dx$$

この式の物理的な意味は、これをフーリエ逆変換の式に書き直すとわかりやすいので、フーリエ逆変換の式で書くと、

$$h(x, t) = \frac{1}{\sqrt{2\pi}} \int_{-\infty}^{\infty} H(k, t) e^{ikx} dk \qquad (5\text{-}5)$$

になります。これは、波数 k を持つ波 $H(k, t) e^{ikx}$ の重ねあわせ(積分)で温度分布 $h(x, t)$ が表されるということです。

さて、ここから (5-3) 式の微分方程式を解いていきます。まず、(5-3) 式の右辺をフーリエ変換します。これ

は、先ほどの微分のフーリエ変換の性質の (5-2) 式を使って

$$\mathscr{F}\left[a\frac{\partial^2 h(x,\ t)}{\partial x^2}\right]=a(ik)^2 H(k,\ t)$$
$$=-ak^2 H(k,\ t)$$

となります。次に、(5-3) 式の左辺をフーリエ変換すると

$$\mathscr{F}\left[\frac{\partial h(x,\ t)}{\partial t}\right]=\frac{1}{\sqrt{2\pi}}\int_{-\infty}^{\infty}\frac{\partial h(x,\ t)}{\partial t}e^{-ikx}dx$$

であり、微分と積分の順番を入れ替えると、

$$=\frac{1}{\sqrt{2\pi}}\frac{\partial}{\partial t}\int_{-\infty}^{\infty}h(x,\ t)e^{-ikx}dx$$
$$=\frac{\partial H(k,\ t)}{\partial t}$$

となります。フーリエ変換後も「左辺＝右辺」が成り立つので、

$$\frac{\partial H(k,\ t)}{\partial t}=-ak^2 H(k,\ t) \qquad (5\text{-}6)$$

となります（微分のフーリエ変換の性質を使わずに、(5-5) 式を (5-3) 式に代入して計算しても同じ結果が得られます）。この偏微分方程式を満たす解としては、例えば、次式のような関数が考えられます。

$$H(k,\ t) = H(k,\ 0)\,e^{-ak^2 t} \qquad (5\text{-}7)$$

ここで $H(k,\ 0)$ は、$t=0$ なので最初の熱分布を表します。変数 t にはゼロを入れたので、もはや $H(k,\ 0)$ は変数 t を含みません。時間 t の変化は、その右の $e^{-ak^2 t}$ のみが表します。この (5-7) 式を (5-6) 式に代入すると (5-6) 式を満たしていることが確認できます。

次に、この $H(k,\ 0)$ を求めます。デルタ関数の積分による表式である (4-13) 式を、初期条件を表す (5-4) 式に入れると、

$$h(x,\ 0) = \frac{h_0}{2\pi} \int e^{ikx} dk$$

となります。$h(x,\ 0)$ は (5-5) 式で $t=0$ として、

$$h(x,\ 0) = \frac{1}{\sqrt{2\pi}} \int_{-\infty}^{\infty} H(k,\ 0)\,e^{ikx} dk$$

となるので、この両者が等しいことより、

$$H(k,\ 0) = \frac{h_0}{\sqrt{2\pi}}$$

が得られます。よって、(5-7) 式より、

$$H(k,\ t) = \frac{h_0}{\sqrt{2\pi}} e^{-ak^2 t}$$

が求められます。

第5章 フーリエ変換の性質

　後は、これをフーリエ逆変換すると $h(x, t)$ が求まります。この関数は k に関するガウシアンなので、ガウシアンのフーリエ変換を表す（4-4）式を利用できます。

　よって、

$$h(x, t) = \frac{1}{\sqrt{2\pi}} \int_{-\infty}^{\infty} H(k, t) e^{ikx} dk$$

$$= \frac{h_0}{2\pi} \int_{-\infty}^{\infty} e^{-atk^2} e^{ikx} dk$$

$$= \frac{h_0}{\sqrt{2\pi}} \frac{1}{\sqrt{2at}} e^{-\frac{x^2}{4at}}$$

が得られます。これは、原点を中心として $2\sqrt{at}$ 程度広がって分布するガウス型関数です。指数関数の肩に時間 t

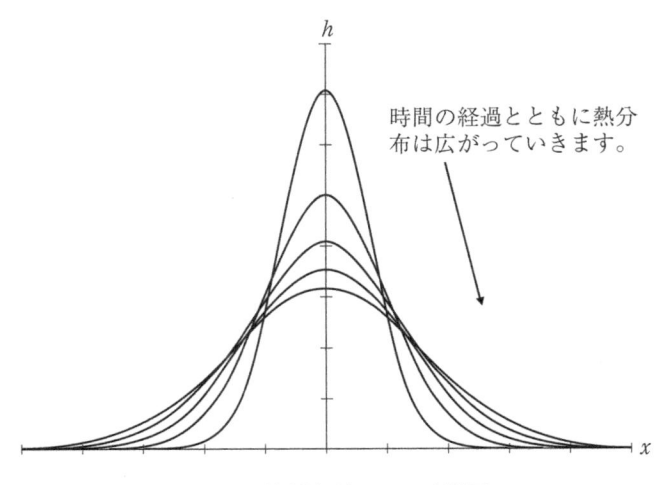

時間の経過とともに熱分布は広がっていきます。

図5-1　熱が広がっていく様子

が含まれていることから、時間とともに分布の幅が広がっていく、つまり拡散していくことがわかります。これをグラフにしたのが、図5-1です。

このように、最初ある1点に与えた熱が、ガウシアン分布で広がる様子がフーリエ変換によって得られました。

■悲劇の天才、ガロア

フーリエとわずかな関わりを持った天才数学者に、ガロアがいます。ガロアは図3-6の中では、わずか20歳でこの世を去っているので目立っています。ガロアの没年は、フーリエが没してから2年後のことです。

ガロアは若くして数学の才能を現し、弱冠17歳にして論文を発表しました。これは、ガロアが学んだルイ・ル・グラン校（日本の高校に相当する）の数学の教師リシャールの勧めによるものです。他の教師の記録には、ガロアは「変わり者」と記述されています。リシャールだけが変わり者のガロアの中の天才に気づきました。ルイ・ル・グラン校は名門校であったため秀才が集まりました。優れた教師であったリシャールは25年後に、やはり一種の変わり者であった後の数学者エルミート（1822〜1901）の才能も見出しました。

ルイ・ル・グラン校で数学に熱中したガロアは、パリのアカデミーにも論文を提出しました。しかし、論文を受け取ったコーシーはアカデミーで紹介しませんでした。ガロアは深く失望しましたが、コーシーは翌年、再度ガロアに論文を提出するよう要請しました。気をとり直したガロア

が再提出した論文は、アカデミー書記のフーリエが預かりました。しかし、フーリエの死によって、またもガロアの論文は行方知れずになってしまいました。さらに、翌年、2度もの論文の紛失を気遣ったポアソンが論文の再々提出を求め、ようやくガロアの論文をポアソンが読みました。しかし、ポアソンはガロアの論文を理解できず、ガロアに、もっとわかりやすく論文を書くように求めました。

ガロア

　著しい数学の才能を現したガロアは、しかしエコール・ポリテクニクの受験に2度失敗しました。数学の口頭試問で試験官を侮辱したためとも言われています。数学の道を志すガロアにとって、きら星のごとく数学の天才たちが集まるエコール・ポリテクニクへの進学は大きな夢でした。

　1829年に、ガロアの人生にとって大きな悲劇が起こりました。共和制の支持者であり、パリ近くの町ブール・ラ・レーヌの町長であったガロアの父が、自殺しました。ナポレオン失脚後に王になったルイ18世が1824年に病没すると、弟のシャルル10世が王位を継ぎました。シャルル10世は、反動的な政治を展開し、ある宗教勢力と手を結びました。ガロアの父の自殺は、ブール・ラ・レーヌに赴任した王党派の司祭による政治的な圧迫によると考えられています。

失意のガロアは、エコール・プレパラトワール（予備学校）と名前を変えていた元のエコール・ノルマルに進学しました。共和制支持者だったガロアにとって、父を死に追い込んだ王党派は許し難い敵でした。政治は数学と並ぶ重要事項になっていました。せっかく入学した予備学校ですが、ガロアの政治活動への熱中は、校長との対立を引き起こしました。

　1830年7月に七月革命が起こり、シャルル10世は亡命しました。この間、予備学校の校長は学生の革命への参加を禁止しました。しかし、革命後には、校長はあたかも元から革命の支持者であったかのようにふるまいました。ある新聞に校長を批判する投書が載り、ガロアはその執筆者であるという疑いをかけられました。その結果、1831年1月に退学処分を受けました。ガロアの目には、校長は一種の詐欺師のように見えたことでしょう。しかし、校長による外出禁止令がなければ、ガロアは七月革命の弾雨の中でもっと早い死を迎えていた可能性もあります。七月革命に参加したエコール・ポリテクニクの学生には犠牲者が出ていました。

　シャルル10世の後には、ブルボン家の支流であるルイ・フィリップが新たな立憲君主制の王になりました。ルイ・フィリップはブルジョワの支持を得ていましたが、国民の広い支持を得ていたわけではなく、ガロアも支持しませんでした。その後も政治活動を続けたガロアは、1831年5月と7月の2度、政治的理由で逮捕されました。1度目は無罪判決を得たものの、2度目は有罪判決となり、5ヵ月間

投獄されました。しかし、パリでコレラが流行り始めたため、療養所に移されました。

出所してからわずか2ヵ月後の1832年5月30日の朝、ガロアはパリ郊外での決闘に出かけました。銃弾で負傷した瀕死のガロアが農夫によって発見されたのは、その数時間後のことでした。病院にかけつけた弟に、ガロアが言った言葉はあまりにも有名です。

> Ne pleure pas, Alfred! J'ai besoin de tout mon courage pour mourir à vingt ans!

これを英訳すると、

> Don't cry, Alfred! I need all my courage to die at twenty.

となります。さらに日本語に訳すと、

> 泣くな、アルフレッド！ 僕にはありったけの勇気がいるんだ、二十歳(はたち)で死ぬには。

になります。

決闘前夜にしたためたガロアの遺稿には、数々の数学上のアイデアが書き連ねられており、また、「時間がない(Je n'ai pas le temps)」と走り書きされていたことも有名です。

ガロアの数学上の業績としては、高次の方程式の解法に関するものや、群論が有名です。セントヘレナに送られる船の中で、ナポレオンが3次方程式の議論をしたように、高次の方程式の解法は、当時の数学界の重要な問題の一つ

でした。しかし、ガロアの論文は同時代の数学者にわかりやすいようには書かれておらず、その研究内容が広く理解されるようになったのは、没後数十年を経てからでした。

ガロアの伝記としては、1948年に出版されたインフェルトによる『ガロアの生涯——神々の愛でし人』（市井三郎訳、日本評論社）がよく知られています。このインフェルトの伝記には創作部分があるようですが、当時の状況を鮮やかに浮かび上がらせてくれます。

ガロアは、片思いの恋人をめぐるささいないざこざで決闘に至ったと広く信じられてきました。しかし、『ガロアの時代　ガロアの数学』（彌永昌吉著、シュプリンガー・フェアラーク東京）によると、その後の研究により、ガロアに関するいくつかの新資料が発見されたようです。ガロアが死の前夜に書いた手紙の中の「つまらぬ浮気女」は、療養所の医師の娘であり、教養のある女性であったようです。また、決闘の理由も恋愛ではなく政治的なものではないか、という解釈も生まれているようです。ガロアは、偉大な業績と、おそらく永遠に解けない彼自身の死の謎を残してこの世を去りました。

さてこれで、読者のみなさんはフーリエ変換の主要な知識をマスターしました。とても大きな前進です。今後、様々な学問分野でフーリエ変換に遭遇したとき、本書で身に付けた知識が役に立つことでしょう。みなさんはフーリエ級数・変換という大きな山を征服したことになります。

次章ではフーリエ変換と並ぶもう1つの柱である「ラプ

ラス変換」に取り組みましょう。

第 **6** 章
ラプラス変換

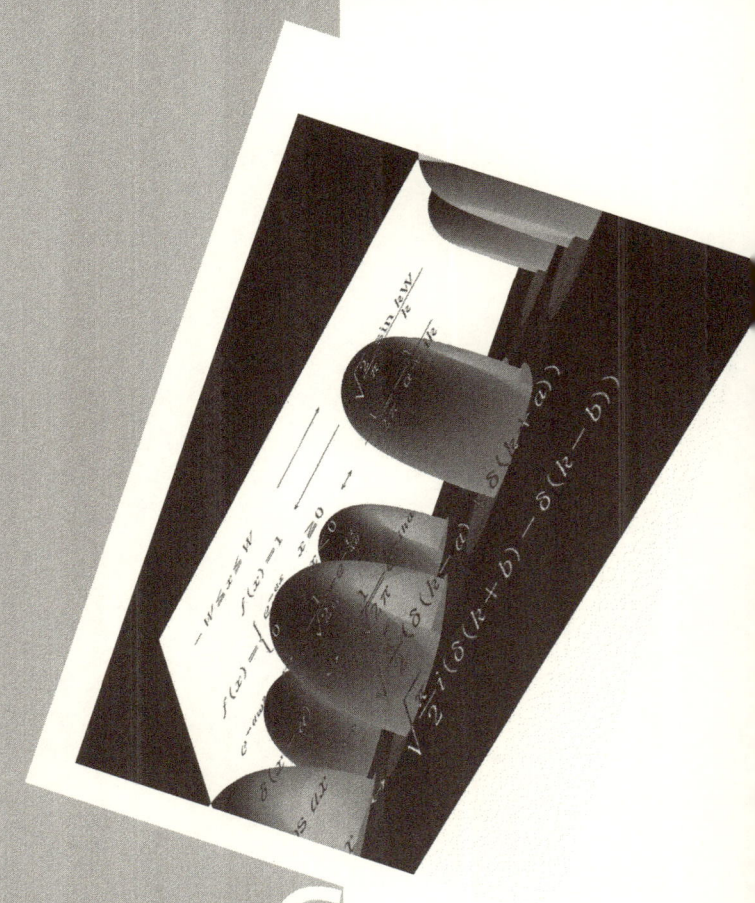

■ラプラス変換が活躍している分野

　理工系大学生がほぼ必修として習う数学に、フーリエ変換によく似たラプラス変換があります。「どうしてラプラス変換が必修なのか？」と、理工系学生の多くが疑問に思うことでしょう。ラプラス変換の活躍の場はフーリエ変換より集中していて、主に電子・電気工学や制御工学の分野です。

　電気回路を扱うときには、微積分方程式を解く必要があり、また制御工学でも微積分方程式を解く必要があります。先ほどの疑問に答えると、ラプラス変換は「これらの微積分方程式をスラスラ解くのに役立つ」のです。現代の工学において、電子・電気工学や制御工学は極めて重要なので、ラプラス変換の習得も同じく重要であるということになります。このため、通常大学の理工系学部では、フーリエ変換と同じ講義で必修科目として教えています。本章と次章では、このラプラス変換に取り組みましょう。

■ラプラス変換とは

　ラプラス変換は、フーリエ変換に形がよく似ています。ある関数 $f(t)$ のラプラス変換 $F(s)$ は、次のような式で表します。

$$F(s) \equiv \mathscr{L}[f(t)]$$
$$= \int_0^\infty f(t) e^{-st} dt \quad (6\text{-}1)$$

ここで、記号 $\mathscr{L}$ は数学者ラプラスの頭文字でラプラス変

換を表します。指数関数の肩に乗っている s は複素数です。積分範囲は、フーリエ変換が、$-\infty$ から $+\infty$ であったのに対して、ゼロから $+\infty$ までです（本書では触れませんが、$-\infty$ から $+\infty$ まで積分をとる両側ラプラス変換もあります）。ラプラス変換をする前の元の関数 $f(t)$ を**表関数**（または、t 関数）と呼び、変換後の関数 $F(s)$ を**裏関数**（または、s 関数）と呼びます。

ラプラス変換で用いる関数の中で、簡単でかつ重要なものをこれから5つほど求めてみましょう。

1つ目は、$f(t)=1$ です。関数が1とは何だろう？　と疑問に感じると思いますが、ラプラス変換では、積分がゼロから始まるので、これは図6-1のように時間ゼロで1になり、その後はずっと1のままの単位階段関数を表します。

この階段関数は、例えば電気回路では、時間ゼロで突然一定の電圧をかけるときなどに使います。時間ゼロで電源のスイッチを入れたとして、そのときの回路の応答がどう

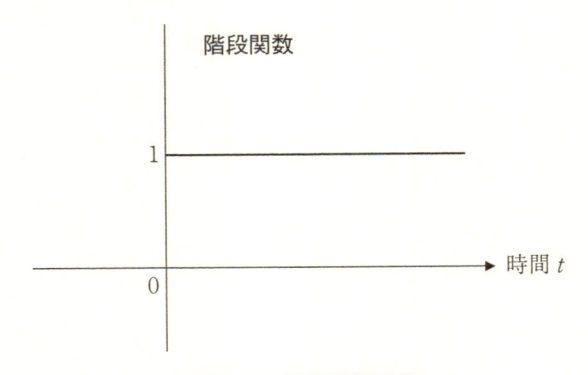

図6-1　単位階段関数

なるか考えるわけです。

この $f(t)=1$ をラプラス変換してみましょう。$s \equiv \alpha + i\beta$ とします。

$$\mathscr{L}[f(t)] = \int_0^\infty 1 \cdot e^{-st} dt$$
$$= -\left[\frac{e^{-st}}{s}\right]_0^\infty$$
$$= -\lim_{t \to \infty}\left(\frac{e^{-\alpha t}e^{-i\beta t}}{s}\right) + \frac{1}{s}$$
$$= \frac{1}{s} \tag{6-2}$$

となります。ここで、3行目の第1項が $t \to \infty$ でゼロになるのは $\alpha > 0$ の場合のみです($\alpha < 0$ なら発散します)。なので、$\alpha > 0$ という条件を付けます。

2つ目は、階段関数と関係が深いデルタ関数 $\delta(t-a)$ をラプラス変換してみましょう。この積分はデルタ関数の性質である(4-9)式を使うと、

$$\mathscr{L}[f(t)] = \int_0^\infty \delta(t-a) \cdot e^{-st} dt$$
$$= e^{-as}$$

となります。ただし、積分範囲である 0 と ∞ の間にデルタ関数が存在する場合です($0 < a < \infty$)。

3つ目として、$f(t)=t$ をラプラス変換してみましょう。

$$\mathscr{L}[f(t)] = \int_0^\infty t e^{-st} dt$$

部分積分の公式を使うと

$$= \left[t \frac{e^{-st}}{-s} \right]_0^\infty - \int_0^\infty \frac{e^{-st}}{-s} dt$$

となります。この第1項が $t \to \infty$ でゼロになるように、$a > 0$ という条件を付けます。よって、

$$= -\left[\frac{e^{-st}}{s^2} \right]_0^\infty$$
$$= \frac{1}{s^2} \tag{6-3}$$

になります。

4つ目として、指数関数 $f(t) = e^{at}$ (a は実数) をラプラス変換してみましょう。

$$\mathscr{L}[f(t)] = \int_0^\infty e^{at} e^{-st} dt$$
$$= \left[\frac{e^{(a-s)t}}{a-s} \right]_0^\infty$$
$$= \left[\frac{e^{(a-\alpha)t} e^{-i\beta t}}{a-s} \right]_0^\infty$$

になります。発散しないように $a - \alpha < 0$ という条件をつけます。よって、

$$=\frac{1}{s-a}$$

になります。

5つ目として、サイン波 $f(t)=\sin \omega t$ をラプラス変換してみましょう。

$$\mathscr{L}[f(t)]=\int_0^\infty \sin \omega t e^{-st}dt$$

部分積分の公式を使います。

$$=\left[\sin \omega t \frac{e^{-st}}{-s}\right]_0^\infty - \int_0^\infty \omega \cos \omega t \frac{e^{-st}}{-s}dt$$

第1項が $t\to\infty$ でゼロになるためには、$a>0$ という条件が付きます。よって、

$$=\frac{\omega}{s}\int \cos \omega t e^{-st}dt$$

となり、ここで部分積分の公式を使います。

$$=\frac{\omega}{s}\left[\cos \omega t \frac{e^{-st}}{-s}\right]_0^\infty - \frac{\omega}{s}\int_0^\infty \omega \sin \omega t \frac{e^{-st}}{s}dt$$

$$=\frac{\omega}{s^2}-\frac{\omega^2}{s^2}\int_0^\infty \sin \omega t e^{-st}dt$$

よってまとめると、

$$\int_0^\infty \sin \omega t e^{-st} dt = \frac{\omega}{s^2} - \frac{\omega^2}{s^2}\int_0^\infty \sin \omega t e^{-st} dt$$

となるので、$\int_0^\infty \sin \omega t e^{-st} dt$ を左辺にまとめると

$$\int_0^\infty \sin \omega t e^{-st} dt = \frac{\dfrac{\omega}{s^2}}{1+\dfrac{\omega^2}{s^2}} = \frac{\omega}{s^2+\omega^2}$$

になります。

■主なラプラス変換

　主なラプラス変換を表6-1に上げてみます。本書で実際に求めたもの以外も載っていますが、興味のある方は、他の関数の導出にも挑戦してみて下さい（すぐ後で紹介するs推移則も役に立ちます）。一見するとたくさんあるように思えるかもしれませんが、ラプラス変換を頻繁に使う方にとっては、そのありがたさがすぐにわかるはずなので、これぐらいの数式の暗記はそれほど大変ではないでしょう。

■ラプラス変換の線形性

　ラプラス変換には、フーリエ変換と同じような性質があります。例えば、ラプラス変換でも線形性が成り立ちます。線形性とは、ある関数 $f(t)$ のラプラス変換が $F(s)$ であり、ある関数 $g(t)$ のラプラス変換が $G(s)$ であったときに、$f(t)+g(t)$ のラプラス変換が、$F(s)+G(s)$ に

	表関数	裏関数
単位階段関数	$u(t)$	$\dfrac{1}{s}$
t の n 乗	t^n	$\dfrac{n!}{s^{n+1}}$
指数関数	e^{at}	$\dfrac{1}{s-a}$
三角関数	$\sin \omega t$	$\dfrac{\omega}{s^2+\omega^2}$
	$\cos \omega t$	$\dfrac{s}{s^2+\omega^2}$
減衰振動	$e^{at}\sin \omega t$	$\dfrac{\omega}{(s-a)^2+\omega^2}$
	$e^{at}\cos \omega t$	$\dfrac{s-a}{(s-a)^2+\omega^2}$

表 6-1

等しくなるというものです。この性質は、ラプラス変換が積分であって、その積分そのものに線形性が成り立つので明らかです。以下の式を見てみましょう。

$$\mathscr{L}[f(t)+g(t)] = \int_0^\infty \{f(t)+g(t)\}e^{-st}dt$$

ここで、積分の中の足し算は、ばらばらにして個別に積分してもよいので、

$$= \int_0^\infty f(t)\, e^{-st} dt + \int_0^\infty g(t)\, e^{-st} dt$$
$$= \mathscr{L}[f(t)] + \mathscr{L}[g(t)]$$
$$= F(s) + G(s)$$

となります。

同様に、

$$\mathscr{L}[af(t) + bg(t)] = aF(s) + bG(s)$$

も成り立ちます。

■ 推移則

この線形性に加えて、もう1つ重要な関係があります。それは、推移則で、フーリエ変換の性質にもあったように、変数をずらしたときの関係です。推移則には t 推移則と s 推移則があります。

まず、**t 推移則**というのは、

$$\mathscr{L}[f(t-\tau)u(t-\tau)] = e^{-s\tau}F(s)$$

というもので、t 関数 $f(t)$ と単位階段関数 $u(t)$ の積のラプラス変換に関するものです。t を τ（タウ）だけずらしてラプラス変換すると、s 関数 $F(s)$ に、指数関数 $e^{-s\tau}$ をかけたものになります。ここで τ は正（>0）にとりますが、t が時間を表す場合は、時間 τ だけ遅れることを意味します。単位階段関数をかけるのは、τ ずれたとき図6-2のように関数をそのまま平行移動させるためです。

173

例えば、指数関数の t 推移を考えましょう。

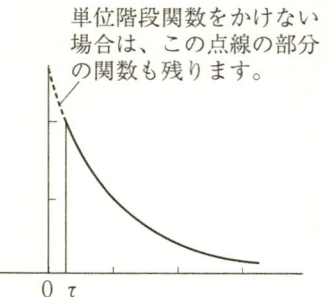

単位階段関数をかけない場合は、この点線の部分の関数も残ります。

τ だけ平行移動させる。

図6-2　t 推移

　この t 推移則の証明には、$t' \equiv t - \tau$ という変数変換を行います。この変数変換によって、積分範囲は、ゼロから ∞ だったものが、$-\tau$ から ∞ に変わります。

$$\mathscr{L}[f(t-\tau)\,u(t-\tau)] = \int_0^\infty f(t-\tau)\,u(t-\tau)\,e^{-st}dt$$

$$= \int_{-\tau}^\infty f(t')\,u(t')\,e^{-s(t'+\tau)}dt'$$

ここで、$e^{-s\tau}$ は定数なので積分の外に出せます。

$$= e^{-s\tau} \int_{-\tau}^\infty f(t')\,u(t')\,e^{-st'}dt'$$

積分範囲を「$-\tau$ から 0 まで」と「0 から ∞ まで」に分けると、

$$= e^{-s\tau}\int_{-\tau}^{0} f(t')\,u(t')\,e^{-st'}dt' + e^{-s\tau}\int_{0}^{\infty} f(t')\,u(t')\,e^{-st'}dt'$$

となります。単位階段関数は、$t' < 0$ でゼロなので第 1 項はゼロです。よって、第 2 項だけが残って

$$= e^{-s\tau}F(s)$$

となります。この t 推移則は、単位階段関数の記述を省略して

$$\mathscr{L}[f(t-\tau)] = e^{-s\tau}F(s)$$

と書かれることもあるので、注意して下さい。

もう一方の **s 推移則** というのは、

$$\mathscr{L}[e^{at}f(t)] = F(s-a)$$

というもので、t 関数に指数関数 e^{at} をかけたものをラプラス変換すると、s 関数の s を a ずらした関数になるという関係です。導いてみましょう。

$$\mathscr{L}[e^{at}f(t)] = \int_{0}^{\infty} e^{at}f(t)\,e^{-st}dt$$

$$= \int_{0}^{\infty} f(t)\,e^{-(s-a)t}dt$$

ラプラス変換を定義した (6-1) 式と比べると

$$= F(s-a)$$

となります。

　この s 推移則は極めて便利です。表6-1の階段関数と指数関数を比べてみると、この s 推移側が成り立っていることがわかります。階段関数 $u(t)=1$ に指数関数 e^{at} をかけて（つまり、e^{at} を）ラプラス変換すると、裏関数は $\frac{1}{s}$ が $\frac{1}{s-a}$ になっています。また、三角関数 $\sin\omega t$ と減衰振動 $e^{at}\sin\omega t$ の間にもこの関係が成り立っていることがわかります。裏関数は、$\frac{\omega}{s^2+\omega^2}$ が $\frac{\omega}{(s-a)^2+\omega^2}$ になっています。階段関数と三角関数の裏関数を覚えておけば、指数関数と減衰振動の裏関数は s 推移則から導けるということです。

■ラプラス逆変換

　ラプラス変換には、フーリエ変換に逆変換があったように、ラプラス逆変換があります。ラプラス逆変換はその名の通りラプラス変換の逆なので、$\frac{1}{s}$ をラプラス逆変換すると1になり、$\frac{1}{s^2}$ をラプラス逆変換すると t になります。

　このラプラス逆変換は、どういう形をしているのでしょうか。式で書くと、

$$f(t)=\frac{1}{2\pi i}\int_{a-i\infty}^{a+i\infty} F(s)\,e^{st}ds$$

という形です。一見、ラプラス変換に似ていますが、ところどころが少し違います。ここで、t が正である（$t>0$）という条件が付きます。積分範囲は、複素平面上で虚軸と平行に、虚数のマイナス無限大（$a-i\infty$）から、プラス

無限大（$a+i\infty$）まで積分するものです。

　複素平面上の積分と聞いて、しり込みする方も少なくないと思います。この積分の計算には、大学1、2年で学ぶ「複素関数論」の知識を必要とします。興味のある方は、複素関数論の解説書をのぞいてみてください。

　幸いにして、電子・電気工学などでラプラス変換を使う場合には、すでに得られている変換表（表6-1など）を使えば、ほとんど間に合います。ですから、ラプラス逆変換の計算を迫られることはまずないでしょう。

■ラプラス

　ラプラス変換に名を残したラプラスは、1749年にノルマンディー地方の小さな町に生まれました。フーリエより約20歳年長です。1766年にカーン大学に入学しました。ラプラスの父は、教会の仕事にラプラスを就けたかったようですが、ラプラス自身は数学に強い興味を抱いていました。1768年に指導教授に推薦書を書いてもらい、パリのダランベール（1717〜1783）を訪ねました。ダランベールは、ラプラスの能力を試すために数学の難問を出題しました。ラプラスは、徹夜でそれを解いてしまい、ダランベールを大いに驚かせたと言われています。

　ラプラスは、士官学校の教師を7年間務めましたが、この間に、砲兵科の試験官としてナポレオンの受験を監督しました。また、1795年のわずかな期間にエコール・ノルマルの教師を務めた際はフーリエを教えました。

　18世紀のフランスは、数学史に名を残した天才たちを輩

出しました。ダランベール、モンジュ、ラプラス、フーリエ、ポアソン、コーシーなどです。フランス革命の時期に、エコール・ノルマルやエコール・ポリテクニクなどの学校が設立され、そこに、ラプラスなどの天才が教師として職を得ました。そこから、天才の再生産が可能になったと考えることもできます。

ラプラスはニュートンを尊敬するとともに、ニュートン力学を尊重していました。ラプラスも天体力学の研究において大きな業績を残しています。ラプラスは自分自身をフランス第一の数学者と考えていたようで、尊大な人だったという複数の証言が残っています。イギリスのデービー（1778～1829　多くの元素を発見し、ファラデーの師としても有名）も証言者の一人で、フランスを訪れた際にラプラスに会っており、「格式張った人」という印象を残しています。

ただし、科学以外の分野ではあまり能力を発揮しませんでした。ナポレオンが内務大臣に任命したものの、ラプラスの力量にすぐに落胆して罷免してしまいました。その点では、行政面でも優れた手腕を発揮したフーリエとは異なっています。ナポレオンの言によると、

ラプラス

「ラプラスはどんな問題もその真の意義を把握することが決してできず、あらゆる事柄に極めて細かいことを探し求め、……（中略）要約すれば、無限小の精神を行政に持ち込んだ」（『数学者列伝Ｉ』、Ｉ・ジェイムズ著、蟹江幸博訳、シュプリンガー・ジャパン）

とのことです。数学者や物理学者には、細部の厳密性を極端に重視する人から、全体構造を重視する人まで多様ですが、ラプラスは細部の厳密性にこだわるタイプだったのでしょう。ナポレオンの言を信じるならば、政治については「木を見て森を見ず」というタイプだったようです。

ラプラスは、ナポレオン時代に元老院議員となり、また伯爵にもなりました。ナポレオン失脚後は、すばやくブルボン家を支持して侯爵となり、政治的遊泳は上手でした。1827年に77歳で没しています。

■ラプラス変換の利点——微積分方程式が簡単になる

ラプラス変換を使うと、微積分方程式を簡単に解けるという話を本章の冒頭で述べました。どうして、簡単に解けるかというと、これから述べる「微分や積分をラプラス変換すると、微分や積分が消えてしまう」というおもしろい性質があるからです。

例えば、ある関数 $f(t)$ を含む微積分方程式があったとします。この微積分方程式をラプラス変換します。すると、微分や積分が消えてしまった $F(s)$ を含む方程式が得られます。次に、この方程式を解いて $F(s)$ を求めま

す。微積分がないので、この方程式は四則の演算だけで簡単に解けます。$F(s)$ が求まったら、ラプラス逆変換で $f(t)$ を求めます。

＊＊ラプラス変換を使った微積分方程式の解き方＊＊
（1）関数 $f(t)$ を含む微積分方程式をラプラス変換し、微積分がない $F(s)$ の方程式を得る。
（2）この方程式を $F(s)$ について解く。微積分がないので四則演算だけで解ける。
（3）求まった $F(s)$ をラプラス逆変換して、$f(t)$ を求める。

このとき（2）のところで、四則（＋−×÷）だけの簡単な演算で解の裏関数 $F(s)$ が求められることが、ラプラス変換のメリットです。元の方程式には、微分記号や積分記号が付いていても、それに煩わされずにすむのです。

一方、ラプラス変換とラプラス逆変換の作業が加わることは、多少手間を増やします。しかし、その面倒さを考慮に入れても、この方法の方が全体としては簡単に微積分方程式が解けるのです。これが、ラプラス変換を、様々な分野でたいへん重要にしている理由です。

■微分はラプラス変換でどのように変形されるか
まず、微分 $\dfrac{df(t)}{dt}$（$\equiv f^{(1)}(t)$ とも書く）がラプラス変換によってどのように変形されるか見てみましょう。

$$\mathscr{L}\left[\frac{df(t)}{dt}\right]=\int_0^\infty \frac{df(t)}{dt}e^{-st}dt$$

部分積分の公式を使うと、

$$=\left[f(t)e^{-st}\right]_0^\infty - \int_0^\infty f(t)\frac{de^{-st}}{dt}dt$$

$$=\left[f(t)e^{-st}\right]_0^\infty + s\int_0^\infty f(t)e^{-st}dt$$

となります。ここで $t\to\infty$ のとき $f(t)e^{-st}\to 0$ であるという条件を付けると、

$$=-f(0)+sF(s)$$

となります。$f(0)$ は、時間ゼロでの関数 $f(x)$ の値なので**初期値**と呼びます。このように、微分にラプラス変換を施すと微分が消えてしまいます。まとめると、

$$\mathscr{L}\left[\frac{df(t)}{dt}\right]=sF(s)-f(0) \qquad (6\text{-}4)$$

ただし、$t\to\infty$ のとき $f(t)e^{-st}\to 0$ の場合

です。

初期値 $f(0)$ がゼロの場合は、さらに簡単になって、微分のラプラス変換は、$F(s)$ に s をかけただけになります。

■積分はラプラス変換でどのように変形されるか

次に、積分もラプラス変換によって簡単になるので見て

みましょう。まず、不定積分

$$f^{(-1)}(t) \equiv \int f(t)\,dt$$

のラプラス変換を求めます。左辺は不定積分を表します（左辺の表式で f の肩の数字がマイナスの場合は積分を表します）。求め方は少し変則的で、まず、(6-1) 式の右辺のラプラス変換に部分積分の公式を使います。すると、

$$\begin{aligned}
F(s) &= \mathscr{L}[f(t)] = \int_0^\infty f(t)\,e^{-st}dt \\
&= \left[\int f(t)\,dt \cdot e^{-st}\right]_0^\infty - \int_0^\infty \left\{\int f(t)\,dt\right\}\frac{d}{dt}e^{-st}dt \\
&= \left[\int f(t)\,dt \cdot e^{-st}\right]_0^\infty + s\int_0^\infty e^{-st}\left\{\int f(t)\,dt\right\}dt \\
&= \left[f^{(-1)}(t) \cdot e^{-st}\right]_0^\infty + s\int_0^\infty f^{(-1)}(t)\,e^{-st}dt
\end{aligned}$$

となります。最後の行の第2項の積分は、本節で求めたい「不定積分のラプラス変換」です。また、ここで $t \to \infty$ のとき $f^{(-1)}(t)e^{-st} \to 0$ という条件を付けます。すると、第1項の $t \to \infty$ の項が消えるので、この式をまとめると、

$$F(s) = -f^{(-1)}(0) + s\,\mathscr{L}[f^{(-1)}(t)]$$

となります。これを整理すると、

$$\mathscr{L}[f^{(-1)}(t)] = \frac{F(s)}{s} + \frac{f^{(-1)}(0)}{s} \qquad (6\text{-}5)$$

となります。このように不定積分もラプラス変換によって簡単な形になります。

　初期値 $f^{(-1)}(0)$ がゼロの場合は、さらに簡単になって、積分のラプラス変換は、$F(s)$ を s で割っただけになります。

　これで不定積分のラプラス変換が求まりましたが、次に、時間ゼロから t までの定積分のラプラス変換を求めてみましょう。まず、定積分と不定積分との関係は、

$$\int_0^t f(\tau)\,d\tau = \left[\int f(t)\,dt\right]_0^t$$
$$= f^{(-1)}(t) - f^{(-1)}(0)$$

と書けます。この定積分のラプラス変換は、この関係を使うと以下のように変形できます。

$$\mathscr{L}\left[\int_0^t f(t)\,dt\right] = \int_0^\infty \left\{\int_0^t f(\tau)\,d\tau\right\} e^{-st} dt$$
$$= \int_0^\infty \left\{f^{(-1)}(t) - f^{(-1)}(0)\right\} e^{-st} dt$$
$$= \int_0^\infty f^{(-1)}(t)\,e^{-st} dt - \int_0^\infty f^{(-1)}(0)\,e^{-st} dt$$

この第1項は不定積分のラプラス変換なので、(6-5) 式が使えます。また、第2項の積分の中の $f^{(-1)}(0)$ は、不

定積分に $t=0$ を代入したので、もはや t の関数ではありません。なので、積分の外に出せます。

$$= \frac{F(s)}{s} + \frac{f^{(-1)}(0)}{s} - f^{(-1)}(0) \int_0^\infty e^{-st} dt$$

第3項に（6-2）式を使うと

$$= \frac{F(s)}{s} + \frac{f^{(-1)}(0)}{s} - \frac{f^{(-1)}(0)}{s}$$

$$= \frac{F(s)}{s}$$

となります。このように定積分の場合は初期値がなくなります。

微分や積分にラプラス変換を施すと、微分や積分が消えてしまうという性質は、この後で微積分方程式を解くのに大変役に立ちます。

さて本章では、ラプラス変換とその性質を理解しました。いったいこれらの性質がどのように役に立つのか、次章でその活躍ぶりを見ることにしましょう。

第7章
ラプラス変換を用いた演算子法

■独学の天才、ヘビサイド

今日、ラプラス変換は電子・電気工学などの分野で大活躍していますが、ラプラス変換を有名にしたのは、その名が付いているラプラス自身ではありません。ラプラス変換を世に送り出した立て役者は、ラプラスより100年後に生まれたイギリスの科学者ヘビサイドです。

ヘビサイド

ヘビサイドは、1850年生まれで、子供時代に猩紅熱にかかり難聴になりました。猩紅熱は日本でもかつては法定伝染病に指定されていた重い病気で、抗生物質が登場するまで猛威をふるいました。ヘビサイドは16歳まで学校に通い、成績は極めて優秀でした(500人中の5位)。しかし、その後、高等教育は受けず独学で電信と電磁気学を学びました。

ヘビサイドの叔母の夫が、電信分野で著名なホイートストン(1802~1875)でした。ホイートストンは、クックと共同で1837年に実用的な電信装置を開発し、電信会社を設立しました。ヘビサイドの少年時代は、電信の勃興期でした。大西洋を渡ったアメリカでは、同時期にモース(モールス)も、電信装置を開発していました。

モースの電信機は、1853年にペリーによって日本にもたらされました。ペリーが1マイルの距離で電線を張り、電

信を実証したところ、当時の日本人は極めて強い関心を示したそうです。日本で最初の電信は東京〜横浜間に架設され、1869年(明治2年)から稼働を始めました。1871年にはデンマークの通信会社が敷設した海底ケーブルによって、長崎〜上海間と、長崎〜ウラジオストク間がつながりました。ヨーロッパとアメリカ間の海底ケーブルは1858年に敷設されていたので、これで日本は世界中の電信回線とつながりました。

電信は世界中をかけめぐるようになったものの、その学問的基礎となる電磁気学はまだ完成していませんでした。1873年にマクスウェルによる電磁気学についての論文が出ると、ヘビサイドはそれに夢中になりました。

ヘビサイドは、当時の電磁気学を単にマスターするだけにとどまらず、さらに発展させました。電磁気学の記述にベクトルを導入したこと、電気回路を取り扱う際に複素数を導入したこと、同軸ケーブルを発明しその電磁波の伝わり方を解析したことなど、多数の業績をあげています。特に同軸ケーブルは、遠くまで電気信号を送るためには極めて重要です(拙著『高校数学でわかるマクスウェル方程式』181ページ)。

ヘビサイドが電気回路を取り扱う際に導入したもう1つの新規な方法が、この後説明する**演算子法**と呼ばれる方法で、これは微積分方程式を簡単に解く方法でした。ヘビサイドはこの手法を便宜的な方法として考案したので、当初は数学的な根拠はあいまいでした。このため、ヘビサイドの解き方は、「簡単だが、なぜ解けるのかは数学的にはよ

くはわからない」という状況でした。このヘビサイドの演算子法の数学的な理解は、ブロムウィッチやワグナーらの数学者によって、1910年代に進みました。演算子法の数学的な基礎は、ラプラスの1780年の論文に現れていたので、今日では「ラプラス変換」と呼ばれている数学の体系の中に、ヘビサイドの演算子法は位置しています。

独学の天才ヘビサイドは、1891年にイギリスの王立協会のフェローになり、1905年にドイツのゲッチンゲン大学から名誉博士号を授与されました。

ヘビサイドは聴力が必ずしもよくはありませんでしたが、音楽の演奏を楽しみ、またサイクリングを趣味としていたようです。1922年にイギリスの電気工学会が新しく設立したファラデーメダルの第1回の受賞者になりました。そして、その3年後の1925年に74歳で生涯を終えました。

■ラプラス変換を用いた演算子法

本章では、本書のしめくくりとして、そのヘビサイドが発展させた演算子法を見ていきましょう。演算子法では、次のような手順で回路の方程式の解を求めます。

（1）まず、回路の方程式をたてます。この方程式は係数が定数なので、定係数微積分方程式と呼ばれます。
（2）次に、定係数微積分方程式にラプラス変換を施します。
（3）先ほど見たように、ラプラス変換後の方程式は、微積分がなくなってしまうので（これがラプラス

変換のメリットです)、後は、四則演算で裏関数の解が求められます。
(4) 最後に得られた裏関数に、ラプラス逆変換を施して、解を求めます。

実際に使った例を見ていきましょう。図7-1のコンデンサーに電流を流す回路を考えてみましょう。初めは、スイッチはオフで、その後オンにして充電する場合を考えます。

高校の物理で習ったように、電気抵抗の電圧 v_R にはオームの法則によって $v_R = Ri(t)$ の関係があり(R は抵

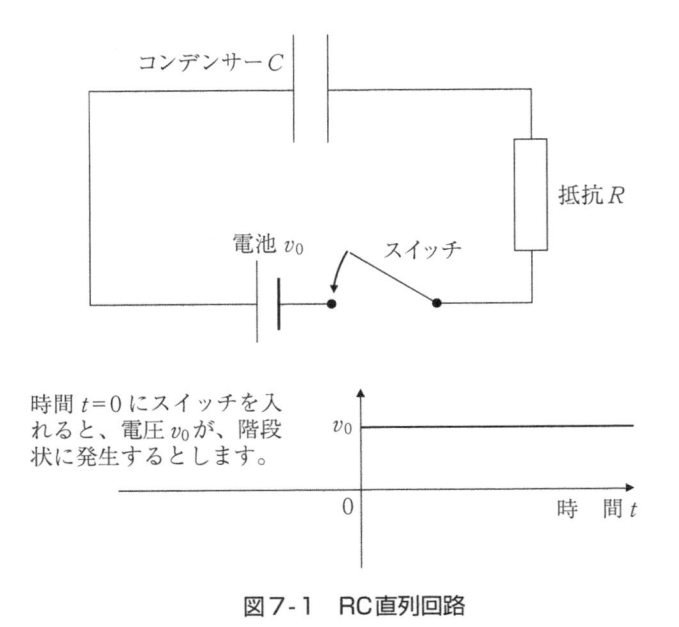

時間 $t=0$ にスイッチを入れると、電圧 v_0 が、階段状に発生するとします。

図7-1 RC直列回路

抗値で、$i(t)$ は電流値です)、コンデンサーの電荷 $q(t)$ には $q(t) = Cv_C$ の関係があります（C は静電容量で、v_C はコンデンサーの電圧です）。この2つの素子での電圧の降下が、電源の電圧 $v(t)$ と等しいので、

$$\begin{aligned} v(t) &= v_R + v_C \\ &= Ri(t) + \frac{q(t)}{C} \end{aligned} \quad (7\text{-}1)$$

の関係が成り立ちます。また、コンデンサーに溜まっていく電荷は、この電流 i によって供給されるので、

$$\frac{dq}{dt} = i(t) \quad \text{または、} \quad q(t) = \int_0^t i(\tau)\,d\tau + q(0)$$

の関係もあります。$q(0)$ は電荷の初期値です。

ただし、電圧 $v(t)$ は図7-1の下図のように階段関数です。このような急にスイッチが入ったときの回路の電気的な応答を**過渡応答**と呼びます。

(7-1) 式の両辺のラプラス変換

$$\mathscr{L}[v(t)] = \mathscr{L}\left[Ri(t) + \frac{\int_0^t i(\tau)\,d\tau + q(0)}{C}\right]$$

を求めましょう。電流 $i(t)$ のラプラス変換は $I(s)$ になるとします。$v(t)$ は階段関数なので、そのラプラス変換は、$\frac{v_0}{s}$ です。よって、

$$\frac{v_0}{s} = RI(s) + \frac{I(s)}{sC} + \frac{q(0)}{sC}$$

となります。これで積分が消えました。簡単のために、初期条件として最初の電荷がゼロ（$q(0)=0$）であるとすると、右辺の第3項は消えます。よって、$I(s)$ についてまとめると、

$$I(s) = \frac{v_0}{R} \frac{1}{s + \dfrac{1}{RC}}$$

となります。これで電流の裏関数が求まりました。これにラプラス逆変換を施すと電流が求まります。

$$i(t) = \mathscr{L}^{-1}[I(s)] = \mathscr{L}^{-1}\left[\frac{v_0}{R} \frac{1}{s + \dfrac{1}{RC}}\right] \quad (7\text{-}2)$$

これは、表6-1と見比べると、指数関数の裏関数であることがわかるので、表に従って変換すると、

$$i(t) = \frac{v_0}{R} e^{-\frac{t}{RC}} \quad (7\text{-}3)$$

が得られます。このように定係数微積分方程式が比較的簡単に解けるのです。

この電流の時間変化を表す（7-3）式をグラフにしたのが、図7-2です。時間ゼロで、$\dfrac{v_0}{R}$ の電流が流れ始めますが、

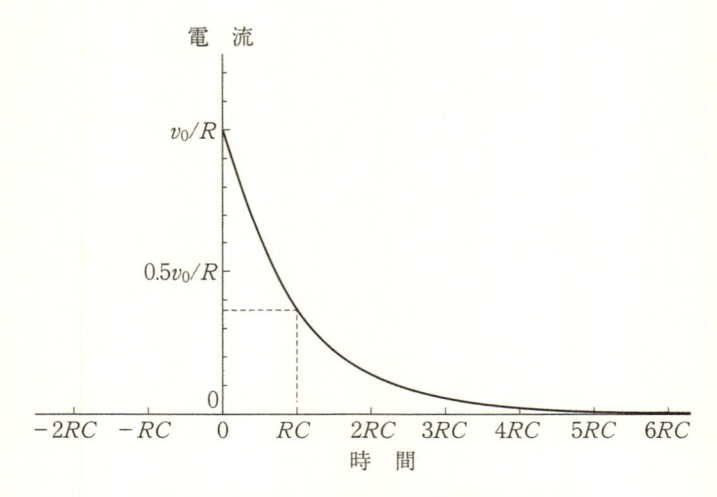

図7-2 コンデンサーの電流の応答

そこから指数関数的に減少していくことがわかります。

電流の時間変化がわかったので、これからコンデンサーに溜まる電荷の時間変化を求めてみましょう。電荷は電流の積分ですが、コンデンサーの最初の電荷をゼロと仮定しています。よって、

$$\begin{aligned}
q(t) &= \int_0^t i(\tau)\,d\tau \\
&= \int_0^t \frac{v_0}{R} e^{-\frac{\tau}{RC}} d\tau \\
&= \frac{v_0}{R}\left[-RC e^{-\frac{\tau}{RC}}\right]_0^t \\
&= Cv_0\left(1 - e^{-\frac{t}{RC}}\right) \quad (7\text{-}4)
\end{aligned}$$

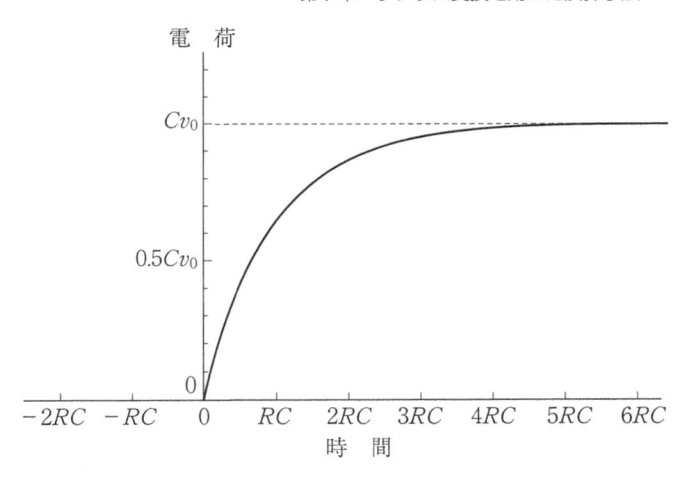

第7章 ラプラス変換を用いた演算子法

図7-3 コンデンサーの電荷の応答

となります。この（7-4）式をグラフにしたのが次の図7-3です。時間ゼロから、（指数関数を上下反転した形で）立ち上がっていく形になります。

この立ち上がり時間を決めているのは、先ほどの（7-4）式の指数関数の肩に乗っている RC という量です。この量は、時間と同じ次元を持つので、**RC 時定数**と呼ばれています。物理的には、抵抗を通じて流れる電流がコンデンサーを充電するのに要する時間を表しています。また、コンデンサーを放電するのに要する時間でもあります。抵抗 R の値が大きいと流れる電流が少なくなるので、充放電に要する時間（RC 時定数）が長くなります。また、静電容量 C が大きいと、充放電に要する時間が長くなることも意味しています。この RC 時定数は、回路の応答速度

を決めるので、高速の回路を設計するには小さな値であることが望まれます。

■部分分数展開

　先ほどの（7-2）式の分母のラプラス逆変換は簡単でした。しかし、場合によっては分母がもっと複雑な形をしていて、表6-1ではすぐには対応できない場合があります。このような場合には、部分分数展開という手法を使って分母を変換しやすい形に変えます。その一例を見てみましょう。

　（7-1）式を電圧 v ではなく、電荷 $q(t)$ について解いてみましょう。$q(t)$ と i の間には $i(t) = \dfrac{dq(t)}{dt}$ の関係があるので、（7-1）式に代入すると、

$$v(t) = R\frac{dq(t)}{dt} + \frac{q(t)}{C}$$

となります。両辺をラプラス変換すると

$$\frac{v_0}{s} = RsQ(s) - Rq(0) + \frac{Q(s)}{C}$$
$$= \left(Rs + \frac{1}{C}\right)Q(s) - Rq(0)$$

となり、$Q(s)$ を左辺にまとめると

第 7 章 ラプラス変換を用いた演算子法

$$Q(s) = \frac{\dfrac{v_0}{s} + Rq(0)}{Rs + \dfrac{1}{C}}$$

となります。初期条件で電荷がゼロ ($q(0)=0$) の場合を考えるとすると、

$$Q(s) = \frac{v_0}{Rs^2 + \dfrac{s}{C}}$$

となります。

ラプラス変換の対応表6-1を見てみると、こういう分母のものはないので、表に対応するように変形する必要があります。分母をよく見ると、s でまとめればよさそうだということに、気がつきます。よって、

$$(右辺) = \frac{v_0}{R} \frac{1}{s\left(s + \dfrac{1}{RC}\right)}$$

となります。この分母を因数分解して、次のような2つの分数に分解できれば、変換表が使えます。

$$\frac{1}{s\left(s + \dfrac{1}{RC}\right)} = \frac{A}{s} + \frac{B}{s + \dfrac{1}{RC}} \qquad (7\text{-}5)$$

このように分数を分解することを**部分分数展開**と呼びます。前式を満たすように、A と B を決めましょう。通分すると、

$$(右辺) = \frac{A\left(s+\frac{1}{RC}\right)+Bs}{s\left(s+\frac{1}{RC}\right)}$$

となり、これで分母の形は同じになったので、あとは (7-5) 式の両辺の分子が等しければ良いわけです。よって、

$$1 = A\left(s+\frac{1}{RC}\right)+Bs$$
$$= (A+B)s + \frac{A}{RC}$$

を満たせばよいわけです。s は様々な値をとりうる変数なので、常にこの式が成り立つためには、

$$A+B=0 \quad かつ \quad 1=\frac{A}{RC}$$

である必要があります。よって、

$$A = -B = RC$$

が求まり、

第 7 章　ラプラス変換を用いた演算子法

$$Q(s) = \frac{v_0}{R}\frac{RC}{s} - \frac{v_0}{R}\frac{RC}{s+\dfrac{1}{RC}}$$

$$= \frac{Cv_0}{s} - \frac{Cv_0}{s+\dfrac{1}{RC}}$$

となります。

これで、$Q(s)$ が求まったので、これにラプラス逆変換を施します。

$$q(t) = \mathscr{L}^{-1}[Q(s)] = \mathscr{L}^{-1}\left[\frac{Cv_0}{s} - \frac{Cv_0}{s+\dfrac{1}{RC}}\right]$$

$$= \mathscr{L}^{-1}\left[\frac{Cv_0}{s}\right] + \mathscr{L}^{-1}\left[-\frac{Cv_0}{s+\dfrac{1}{RC}}\right]$$

第 1 項は階段関数 $u(t)$ の裏関数で、第 2 項は、指数関数の裏関数なので、表6-1にしたがって変換すると、

$$q(t) = Cv_0 u(t) - Cv_0 e^{-\frac{t}{RC}}$$
$$= Cv_0\left(u(t) - e^{-\frac{t}{RC}}\right)$$

が得られます。これは、先ほどの（7-4）式の結果と同じです。部分分数展開はこのようなときに利用できます。

■部分分数展開を簡単に行う方法(1)

この部分分数展開を簡単に行う方法があります。先ほどの (7-5) 式のような分数 $r(s)$ について考えましょう。

$$r(s) \equiv \frac{1}{(s+p_1)(s+p_2)} = \frac{k_1}{s+p_1} + \frac{k_2}{s+p_2} \quad (7\text{-}6)$$

ここで $p_1 \neq p_2$ であるとします。右辺の分子 k_1 を求めるには、簡単な方法では、$r(s)$ に $(s+p_1)$ をかけてから、$s=-p_1$ を代入します。式で書くと

$$k_1 = [(s+p_1)\,r(s)]_{s=-p_1}$$

です。この $r(s)$ に (7-6) 式の中辺を代入すると

$$= \left[\frac{s+p_1}{(s+p_1)(s+p_2)}\right]_{s=-p_1}$$

$$= \frac{1}{-p_1+p_2}$$

となります。先ほどの (7-5) 式の左辺の場合は、$p_1=0$, $p_2=\dfrac{1}{RC}$ に対応するので、これらを上式に代入すると、

$$k_1 = RC$$

となり、先ほどと同じ結果が得られます。

k_2 も同様にして

$$k_2 = -RC$$

となります。

どうしてこうなるかは、(7-6) 式の右辺に同じ事を行うとわかります。まず、右辺に $(s+p_1)$ をかけると、

$$(7\text{-}6) \text{ 式の右辺} \times (s+p_1) = \frac{s+p_1}{s+p_1}k_1 + \frac{s+p_1}{s+p_2}k_2$$

$$= k_1 + \frac{s+p_1}{s+p_2}k_2$$

となります。これに、$s=-p_1$ を代入すれば、第 2 項は分子の $s+p_1$ がゼロになるので消えて、第 1 項の k_1 だけが残るというわけです。

■部分分数展開を簡単に行う方法（2）

次に分母に s の 3 乗の項が現れる場合を考えましょう。次の式のような場合です。

$$r(s) \equiv \frac{1}{(s+p_1)(s+p_2)(s+p_3)} = \frac{k_1}{s+p_1} + \frac{k_2}{s+p_2} + \frac{k_3}{s+p_3}$$

p_1, p_2, p_3 がすべて異なるときは、先ほどと同じ方法

$$k_i = [(s+p_i) \cdot r(s)]_{s=-p_i} \quad (i=1,2,3)$$

で係数 k_1, k_2, k_3 を求められます。このように簡単です。

次に、p_1, p_2, p_3 のうちの 2 つが同じときには、計算方法が違ってきます。次式のような場合を考えましょう。

$$r(s) \equiv \frac{1}{(s+p_1)^2(s+p_2)} = \frac{k_1}{s+p_1} + \frac{k_2}{(s+p_1)^2} + \frac{k_3}{s+p_2}$$

この場合、$(s+p_1)^2$, $s+p_1$, $s+p_2$ をそれぞれ分母とする分数に分解する必要があります。ここで k_3 については、先ほどと同じ方法を用いれば求まるだろうということは、すぐにわかります。

$$k_3 = [(s+p_2)r(s)]_{s=-p_2}$$

k_2 についても同様の手法が使えるでしょう。ただし、$(s+p_1)^2$ をかける必要があります。

$$k_2 = [(s+p_1)^2 r(s)]_{s=-p_1}$$

さて、最後に k_1 の求め方ですが、$r(s)$ の右辺に $(s+p_1)^2$ をかけてから s で微分します。すると、

$$\begin{aligned}\frac{d}{ds}\{(s+p_1)^2 r(s)\} &= \frac{d}{ds}\left[(s+p_1)k_1 + k_2 + \frac{(s+p_1)^2}{s+p_2}k_3\right] \\ &= k_1 + 2\frac{s+p_1}{s+p_2}k_3 - \frac{(s+p_1)^2}{(s+p_2)^2}k_3\end{aligned}$$

となるので、これに $s=-p_1$ を代入すれば、第 2 項と第 3 項が消えて k_1 が求まることがわかります。したがって、k_1 を求める式は、

$$k_1 = \left[\frac{d}{ds}\{(s+p_1)^2 r(s)\}\right]_{s=-p_1}$$

となります。

部分分数展開の方法はこのように簡単なので計算を楽にしてくれます。

第7章 ラプラス変換を用いた演算子法

■RL直列回路

RC直列回路と同じように基礎的で重要なものに、RL直列回路があります。これは図7-4のように、コイルと抵抗、それに電池が直列につながった回路です。

抵抗値をRとし、コイルのインダクタンスをLとします。また、時間ゼロでスイッチが入って、電圧v_0がかかることにします。電流値を$i(t)$とします。

このとき、コイルの両端に発生する電圧は、電磁気学で学ぶように次式で書けます。

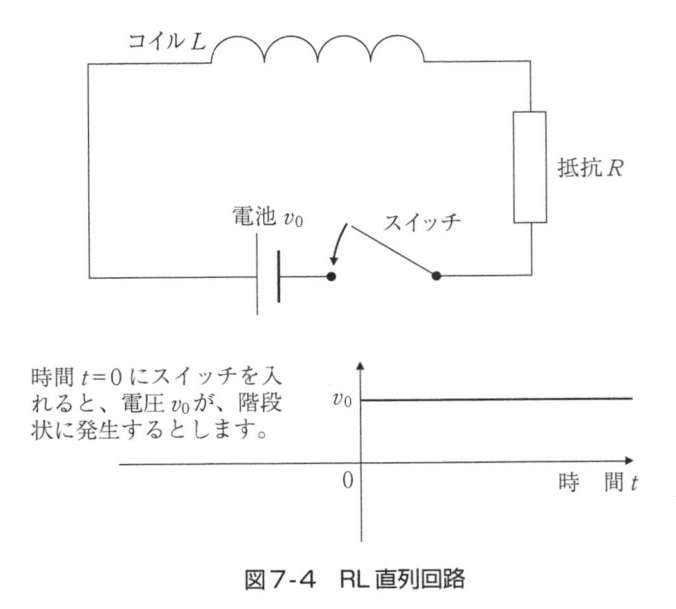

時間$t=0$にスイッチを入れると、電圧v_0が、階段状に発生するとします。

図7-4 RL直列回路

$$v_L = -L\frac{di(t)}{dt}$$

したがって、この回路の電圧方程式は次式になります。

$$v(t) = Ri(t) + L\frac{di(t)}{dt}$$

あとは、この式をラプラス変換を使って解きます。これにラプラス変換を施すと、

$$\frac{v_0}{s} = RI(s) + L\{sI(s) - i(0)\}$$

となります。簡単のために、初期条件が $i(0)=0$ であるとすると、

$$\frac{v_0}{s} = RI(s) + sLI(s)$$

となります。$I(s)$ について解くと

$$I(s) = \frac{v_0}{s(sL+R)}$$
$$= \frac{v_0}{Ls\left(s+\frac{R}{L}\right)}$$

となります。そこで、部分分数展開をすると

第7章 ラプラス変換を用いた演算子法

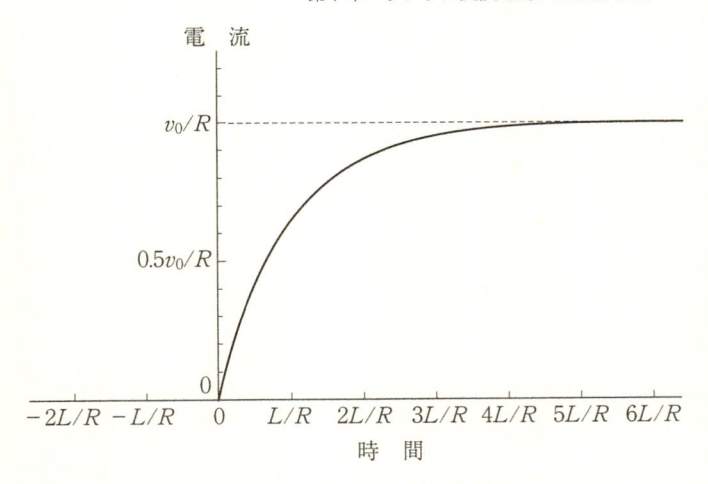

図7-5 コイルの電流の応答

$$=\frac{v_0}{R}\left(\frac{1}{s}-\frac{1}{s+\frac{R}{L}}\right)$$

となります。これにラプラス逆変換を施すと

$$i(t)=\frac{v_0}{R}\Big(u(t)-e^{-\frac{R}{L}t}\Big)$$

となります。この電流をグラフにしたのが、図7-5です。このように時定数 $\frac{L}{R}$ で立ち上がります。

■最初のラプラス変換を省略した計算方法

ここまでの回路の計算では、最初に回路の方程式をたて

て、その後でラプラス変換を行いました。このラプラス変換を省略する計算方法があります。

先ほどのRC直列回路の図7-1での電圧の式（7-1）は、

$$v(t) = Ri(t) + \frac{q(t)}{C}$$

でした。これをラプラス変換して、

$$\frac{v_0}{s} = I(s)R + \frac{I(s)}{sC} + \frac{q(0)}{sC}$$

となりました。

ここで、図7-6のように、抵抗のラプラス変換後の電圧 V_R は、

$$V_R = RI(s)$$

であり、コンデンサーのラプラス変換後の電圧 V_C は、

$$V_C = \frac{I(s)}{sC} + \frac{q(0)}{sC}$$

であり、さらに時間ゼロで階段状の電圧がかかる場合のラプラス変換後の電圧 V_{CC} は、

$$V_{CC} = \frac{v_0}{s}$$

であると**覚えてしまえば**、回路を見ただけでラプラス変換後の回路方程式を書けるということになります。

$$V_C = \frac{I(s)}{sC} + \frac{q(0)}{sC}$$

コンデンサー

$\frac{I(s)}{sC}$ $\frac{q(0)}{sC}$

抵抗 R
$V_R = RI(s)$

電池 v_0　スイッチ

$$V_{CC} = \frac{v_0}{s}$$

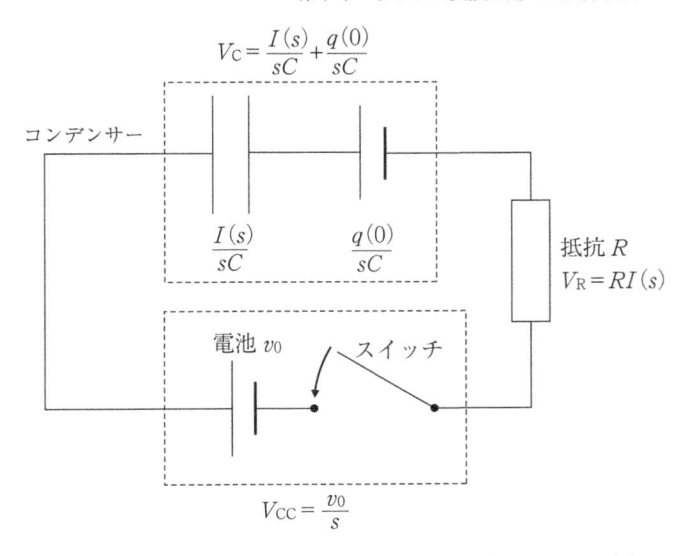

図7-6　ラプラス変換後の回路図（コンデンサーの場合）

なおこの場合、コンデンサーには初期条件として電圧 $q(0)/sC$ の電池を書き加えなければならないことを忘れないようにしましょう。

図7-7は、RL 直列回路のコイルのラプラス変換後の回路図です。ここでは、コイルのラプラス変換後の電圧 V_c は、

$$V_c = sLI(s) - Li(0)$$

であると覚えてしまいます。こちらは初期条件として電圧 $Li(0)$ の電池（注：向きは、コンデンサーの場合と逆です）が加わることを忘れないようにしましょう。

あとは回路図を見るだけで、電圧に関する回路方程式が

図中ラベル:
- $V_c = sLI(s) - Li(0)$
- コイル
- $sLI(s)$
- $Li(0)$
- 抵抗 R
- $V_R = RI(s)$
- 電池 v_0
- スイッチ
- $V_{CC} = \dfrac{v_0}{s}$

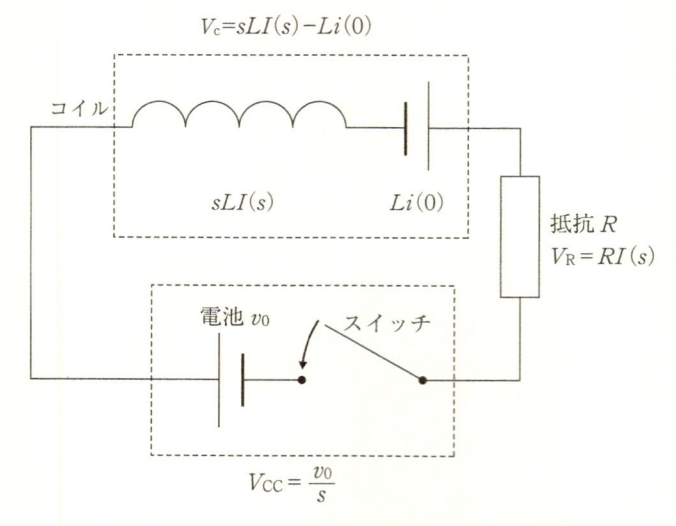

図7-7 ラプラス変換後の回路図(コイルの場合)

書けます。

$$\frac{v_0}{s} = RI(s) + L\{sI(s) - i(0)\}$$

　このように、いったんラプラス変換後の回路方程式が書ければ、あとはラプラス変換表を使って、先ほどのように方程式が解けるというわけです。この方法は多少訓練が必要ですが、慣れてしまえば最初から「ラプラス変換後の回路方程式」をたてられるので、元の回路方程式をいちいちラプラス変換するよりは、はるかに簡単です。

■無線電信と電離層

　ホイートストンやヘビサイドが関わった電信は、1901年になって新たな展開をみせました。イタリアのマルコーニ（1874～1937　1909年にノーベル物理学賞受賞）がケーブルを使わない無線による電信で、イギリスからカナダへの大西洋をまたいだ欧米間の通信に成功したのです。電磁波（電波）が光の一種だとすると、ヨーロッパから発信した電波は直進するはずです。例えば、太陽光線は、地球の夜側には回り込みません。とすると、丸い地球上の水平線の影になるアメリカ大陸に電波が届く理由がわかりませんでした。

　ヘビサイドは、地球の大気圏の上層部に、特定の波長の電波だけを反射する層（電離層）が存在するのではないかと考えました。この層は、太陽光線の波長の電磁波（光）は透過させるものの、マルコーニの無線機の波長の電磁波は反射すると考えるわけです。ほぼ同時期に、アメリカのケネリー（1861～1939）も同じ提案をしたので、この電離層はケネリー・ヘビサイド層と呼ばれています。

　大気圏の上層部に太陽光線や宇宙線が入射すると、大気の分子にぶつかります。気体分子の中の電子が太陽光線や宇宙線のエネルギーをもらうと、一部の電子は原子から飛

マルコーニ

アップルトン
ノーベル財団 HP より

び出し、原子がイオン化します。マイナスの電荷を持つ自由電子とプラスにイオン化した気体分子に分離するので**電離層**と呼びます。ケネリー・ヘビサイド層もその1つです。

1924年になって、イギリスのアップルトン（1892〜1965）らがBBCのラジオ放送の電波の干渉を利用して、この層が地表約100 kmに存在することを実験的に確認しました。電離層は、現在ではD層、E層（ケネリー・ヘビサイド層）、F1層、F2層などの存在が知られています。アップルトンは、電離層の研究の功績によって1947年にノーベル物理学賞を受賞しました。

■さらなる発展（1）——交流電圧源をスイッチオンした場合

ここまでは、階段関数的な直流電圧が加わる場合を考えてきました。ここではさらなる発展として、サイン波の交流電圧がかかる場合について少しだけ触れておきましょう。先ほどの無線電信も含めて、世の中で使われている交流回路は無数に近いほど多数あります。

ここで取り扱う回路は図7-8のRL直列回路で、とても簡単なものです。時間ゼロでスイッチが入ってサイン波の

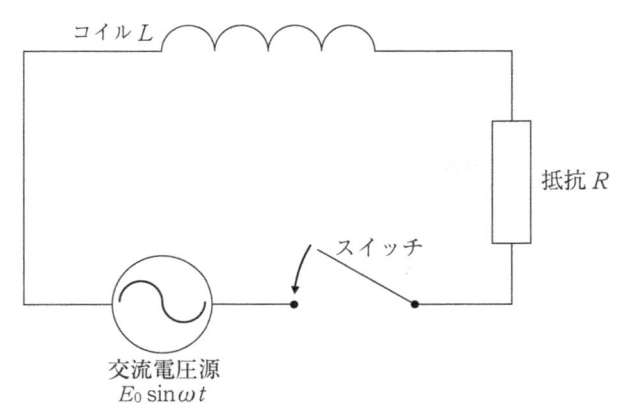

図7-8 交流電源が入ったRL直列回路

電圧がかかります。

この場合の回路方程式は、階段関数の場合とほとんど同じで、電圧部分（次式の左辺）だけが異なります。

$$E_0 \sin \omega t = Ri(t) + L\frac{di(t)}{dt}$$

この方程式をラプラス変換すると、

$$E_0 \frac{\omega}{s^2 + \omega^2} = RI(s) + L\{sI(s) - i(0)\}$$

となります。簡単のために、初期条件 $i(0) = 0$ の場合を考えることにすると、

$$= I(s)(R + sL)$$

となります。あとは、左辺に $I(s)$ が来るように式を変形し、部分分数展開した後でラプラス逆変換を施せば電流の過渡応答が求められます。

■さらなる発展(2)——周期波のラプラス変換

ラプラス変換で取り扱える波は単一のパルスだけではありません。例えば、図7-9のような周期的な波も取り扱えます。しかも、意外に簡単なのです。

方法は t 推移則を使います。1周期の関数を $f(t)$ とします。すると、周期 T ずつずれた波は、それぞれ $f(t-T)$, $f(t-2T)$, $f(t-3T)$, … というふうに表せます。したがって、この周期的な波は、

$$f(t)+f(t-T)+f(t-2T)+f(t-3T)+\cdots$$

と表せます。このラプラス変換は、線形性から

$$\mathscr{L}[f(t)+f(t-T)+f(t-2T)+\cdots]$$
$$=\mathscr{L}[f(t)]+\mathscr{L}[f(t-T)]+\mathscr{L}[f(t-2T)]+\cdots$$

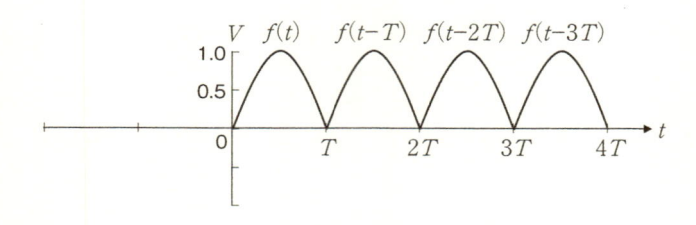

図7-9 周期的な波

第7章 ラプラス変換を用いた演算子法

となります。ここで t 推移則を使うと

$$= F(s) + e^{-Ts}F(s) + e^{-2Ts}F(s) + e^{-3Ts}F(s) + \cdots$$
$$= F(s)(1 + e^{-Ts} + e^{-2Ts} + e^{-3Ts} + \cdots)$$

となります。ここでカッコの中は等比級数です。$e^{-Ts} > 1$ なら発散するので、$e^{-Ts} < 1$ の場合を考えることにします。この等比級数の和は、

$$\frac{1}{1 - e^{-Ts}}$$

となるので（付録参照）、

$$= \frac{1}{1 - e^{-Ts}} F(s)$$

となります。これを使えば、周期的な波にも対応できるので、図7-9のような周期的に変動する電圧がかかった場合にも対応できます。これでラプラス変換の応用の場は、飛躍的に広がったことになります。

さてこれで読者のみなさんはラプラス変換の中核的な知識を身に付けました。今後、ラプラス変換を使う場合には、これらの知識がみなさんを助けてくれることでしょう。また、さらに高度な数学を学ぶ必要がある方には次の飛躍のためのしっかりした踏み台になってくれることでしょう。本書を卒業するみなさんが、科学のさまざまな分野で、両変換を自在に駆使されることを期待しています。

付録

■三角関数の公式

$$\sin x \cdot \sin y = \frac{1}{2}\{\cos(x-y) - \cos(x+y)\}$$

は、三角関数の加法定理の2つの式

$$\cos(x-y) = \cos x \cdot \cos y + \sin x \cdot \sin y \quad (付\text{-}1)$$
$$\cos(x+y) = \cos x \cdot \cos y - \sin x \cdot \sin y \quad (付\text{-}2)$$

の（付-1）式から（付-2）式を引くと求められます。

次にこの加法定理の証明ですが、（付-2）式を説明しましょう。（付-1）図の左図をご覧下さい。斜辺の長さが1で角度 x の直角三角形Aが斜めになっています。この三角形の底辺の長さは $\cos x$ です。この $\cos x$ を斜辺とし、角度 y の直角三角形Bがその下に書かれています。この三角形Bの底辺の長さは $\cos x \cdot \cos y$ になります。

さて、この2つの直角三角形の右に小さな直角三角形Cがあります。三角形の3つの角度の和は π（＝180度）なので、直角三角形Bでは、$\pi = y + z + 90$度 です。また、点Dでは、$\pi = z + 90$度＋直角三角形Cの最も鋭い角なので、この2つの関係から、直角三角形Cの最も鋭い角＝y であることがわかります。したがって、直角三角形Cの短い辺の長さは $\sin x \cdot \sin y$ になります。

付録

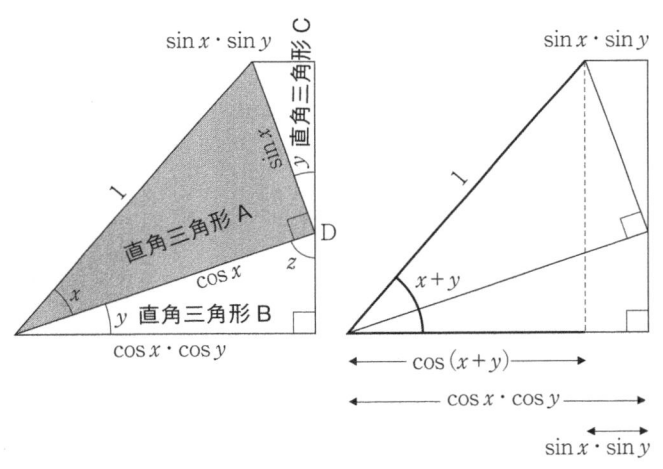

(付-1) 図　加法定理の説明図

以上の関係を頭に入れた上で、(付-1) 図を見ると、

$$\cos(x+y) = \cos x \cdot \cos y - \sin x \cdot \sin y$$

の関係が成り立っていることがわかります。(付-1) 式も同様に作図すれば導けます。

■部分積分

関数の積の微分は、

$$\{f(x)g(x)\}' = f'(x)g(x) + f(x)g'(x)$$

となります。これを a から b まで積分すると

213

$$\int_a^b \{f(x)g(x)\}'dx = \int_a^b \{f'(x)g(x)+f(x)g'(x)\}dx$$

よって

$$\left[f(x)g(x)\right]_a^b = \int_a^b f'(x)g(x)\,dx + \int_a^b f(x)g'(x)\,dx$$

移項して

$$\int_a^b f(x)g'(x)\,dx = \left[f(x)g(x)\right]_a^b - \int_a^b f'(x)g(x)\,dx$$

となります。これが部分積分の公式です。

■指数関数と、サイン、コサインのテイラー展開

指数関数のテイラー展開を導いてみます。まず、指数関数について、

$$e^x = a + bx + cx^2 + dx^3 + \cdots \qquad \text{(付-3)}$$

と表されると仮定します。この式に $x=0$ を代入すると、係数 a が求まります。やってみましょう。

$$e^0 = 1 = a$$

となり、$a=1$ であることがわかります。次に（付-3）式の両辺を x で微分します。すると、

$$e^x = b + 2cx + 3dx^2 + \cdots \qquad \text{(付-4)}$$

となります。これに $x=0$ を代入すると、

$$e^0 = 1 = b$$

となって係数 b が求められます。次に（付-4）式をさらに x で微分します。すると

$$e^x = 2c + 6dx + \cdots$$

となり、これに $x=0$ を代入すると

$$e^0 = 1 = 2c$$

となり、係数 c が求められます。以下同様に微分して $x=0$ を代入することを繰り返すと、

$$e^x = 1 + \frac{x}{1!} + \frac{x^2}{2!} + \frac{x^3}{3!} + \cdots$$

が求められます。これが指数関数のテイラー展開です。

サインも求めてみましょう。まず、

$$\sin x = a + bx + cx^2 + dx^3 + \cdots$$

と仮定します。$x=0$ を代入すると、

$$\sin 0 = 0 = a$$

となり、$a=0$ であることがわかります。次に前式を x で微分します。すると

$$\cos x = b + 2cx + 3dx^2 + \cdots$$

となり、これに $x=0$ を代入すると、

$$\cos 0 = 1 = b$$

が求められます。次に前式をさらに x で微分します。すると

$$-\sin x = 2c + 6dx + \cdots$$

となり、これに $x=0$ を代入すると

$$\sin 0 = 0 = 2c$$

となり、$c=0$ が求められます。以下同様に「微分して $x=0$ を代入する」ことを繰り返すと、

$$\sin x = x - \frac{x^3}{3!} + \frac{x^5}{5!} - \cdots$$

が求められます。これがサインのテイラー展開です。

コサインのテイラー展開も同様にして求められます。

■タンジェントについて

タンジェントの定義は、

$$\tan \theta \equiv \frac{y}{x}$$
$$= \frac{\sin \theta}{\cos \theta}$$

です。$-\frac{\pi}{2}<\theta<\frac{\pi}{2}$ の範囲をグラフにしたのが（付-2）図です。$\theta \to -\frac{\pi}{2}$ で $\tan \theta \to -\infty$ であり、$\theta \to \frac{\pi}{2}$ で $\tan \theta \to \infty$ です。

$\tan \theta$ の微分は、

$$\frac{d \sin \theta}{d\theta} = \cos \theta \quad と \quad \frac{d \cos \theta}{d\theta} = -\sin \theta$$

を使って、以下のように求められます。

$$\begin{aligned}\frac{d \tan \theta}{d\theta} &= \frac{d}{d\theta}\left(\frac{\sin \theta}{\cos \theta}\right) \quad \text{（積の微分法を使う）} \\ &= \frac{1}{\cos \theta}\frac{d \sin \theta}{d\theta} + \sin \theta \frac{d}{d\theta}\left(\frac{1}{\cos \theta}\right)\end{aligned}$$

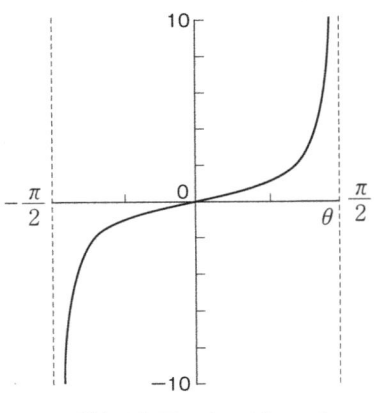

（付-2）図　タンジェント

$$=\frac{\cos \theta}{\cos \theta}-\frac{\sin \theta}{\cos^2 \theta}\frac{d}{d\theta}\cos \theta$$

$$=1+\frac{\sin^2 \theta}{\cos^2 \theta}$$

$$=1+\tan^2 \theta$$

■ガウスの積分公式の証明

ガウス積分の求め方は、次のように変数が異なる2つのガウス積分を考えることから始めます。

$$\int_{-\infty}^{\infty}e^{-ax^2}dx=\int_{-\infty}^{\infty}e^{-ay^2}dy \qquad (付\text{-}5)$$

この2つは、変数が異なるだけで、積分範囲や関数の形が同じなので、積分の結果も同じです。なので、このように等号が成り立ちます。

次に、この2つをかけた積分を考えることにしましょう。すると、

$$\int_{-\infty}^{\infty}e^{-ax^2}dx\int_{-\infty}^{\infty}e^{-ay^2}dy=\int_{-\infty}^{\infty}\int_{-\infty}^{\infty}e^{-ax^2}e^{-ay^2}dxdy$$

$$=\int_{-\infty}^{\infty}\int_{-\infty}^{\infty}e^{-a(x^2+y^2)}dxdy$$

となります。この x と y は独立な変数です。つまり、お互いに無関係な変数です。この x と y を、(付-3) 図のよ

うに直交座標系にとることにしましょう。こうしても、お互いが独立であるという条件は満たされています。

この座標系を使うと、この積分は簡単になります。(付-3) 図のように、角度 θ と原点からの距離 r で、座標点 (x, y) を表すことができます (極座標系)。そこで座標変換をしましょう。

この積分は、直交座標系の微小な面積 $dxdy$ を、x の $-\infty$ から ∞ までと、y の $-\infty$ から ∞ まで積分するものです。これは、極座標系では、微小な面積 $rd\theta dr$ を r はゼロから ∞ まで、θ はゼロから 2π まで、積分したものと同じです。なので、

$$= \int_0^{2\pi} \int_0^{\infty} e^{-a(x^2+y^2)} r dr d\theta$$

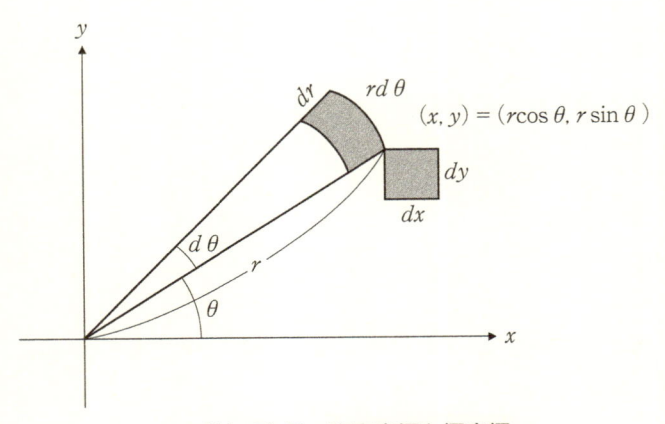

(付-3) 図　直交座標と極座標

となります。さらに、$r^2 = x^2 + y^2$ なので、

$$= \int_0^{2\pi} \int_0^{\infty} e^{-ar^2} r dr d\theta$$
$$= \int_0^{2\pi} d\theta \int_0^{\infty} e^{-ar^2} r dr$$
$$= 2\pi \int_0^{\infty} e^{-ar^2} r dr$$
$$= \frac{-2\pi}{2a} \left[e^{-ar^2} \right]_0^{\infty}$$
$$= \frac{\pi}{a}$$

となります。極座標にしたことで、最後の積分が簡単に解けたわけです。

これで、

$$\int_{-\infty}^{\infty} e^{-ax^2} dx \int_{-\infty}^{\infty} e^{-ay^2} dy = \frac{\pi}{a}$$

であることがわかったので、(付-5) 式より、

$$\int_{-\infty}^{\infty} e^{-ax^2} dx = \sqrt{\frac{\pi}{a}}$$

となります。これで証明終わりです。

■等比級数の和

次式のような等比級数の和を求めてみましょう。ここで $a<1$ であるとし、また項の数は無限にあるとします。

$$S = 1 + a + a^2 + a^3 + a^4 + a^5 + \cdots$$

これに a をかけると、

$$aS = a + a^2 + a^3 + a^4 + a^5 + \cdots$$

となります。この aS は、S の第2項目以降とまったく同じです。なので、S から aS を引くと第1項の1だけが残ります。

$$S - aS = 1$$

この式を S についてまとめると、

$$S = \frac{1}{1-a}$$

となります。

おわりに

　本書を最後まで読み進んだ読者の方にとって、フーリエ級数やフーリエ変換、そしてラプラス変換は、もはや意味のわからない数式の集まりではなくなったことと思います。そして、こうして数式をたくさん扱ってみると、数式そのものや数学の論理の中にある種の魅力があることに気づいた方もいることでしょう。フーリエのように、数学を物理学のための「有力な手段」と見なすか、あるいは、ヤコービのように「数学の問題も宇宙の体系の問題と同じ価値がある」と考えるかは、個人がどの程度、数学の魅力を感じるかにも依存しているように思います。筆者自身は、「数学そのものに不朽の学問的価値がある」と考えていますが、研究においては、物理学のための「有力な手段」として使っているのが実状です。

　本書で見たように、フーリエがフーリエ級数を導入したとき、そしてディラックがデルタ関数を導入したとき、あるいは、ヘビサイドが演算子法を生み出したとき、それらは数学の世界に不完全なまま提示されました。

　数学と物理学では真偽の判断の基準がかなり違っています。物理学では自然現象を描写できるかどうかが理論の真偽を決定する鍵ですが、数学では理論そのものの論理構造の正しさが鍵です。このため、数学は論理の厳密性に大きな価値を置きます。一方、物理学では、脳が生み出す論理

おわりに

がどれほど精密で正しそうに見えても、自然現象を描写できなければ無意味になります。フーリエたちは、物理学者的な感覚で新しい数学を生み出したと言えるのかもしれません。その数学的な厳密さは、後の数学者たちが補強しなければなりませんでしたが、厳密性に一部寛容であることが、大胆さと進歩を生んだとも解釈できます。

本書の執筆の過程で、筆者は数学者たちの歴史に目を通してみました。驚いたのは、早くから才能を現している場合が多いことです。十代の後半には偉大な能力の片鱗を見せ始めている例が少なくありません。これは数学が物理学と違って、自然現象と格闘する必要がなく、頭脳が生み出す論理のみを追究すればよいためかもしれません。あるいは、この時代の数学が後の時代ほどは多くの専門的知識の積み上げを必要としなかったのかもしれません。

本書を手に取った高校生か中学生の読者の中で、ほんの1日か2日でこの「おわりに」にまでたどり着いた人がいるとしたら、あなたの中には、フーリエやガロアのような偉大な才能が眠っているのかもしれません。

そして、さらにもしかすると、ナポレオンの才能も眠っているのかもしれません。士官学校教官による16歳のナポレオンへの評価を記しておきましょう。

「慎重で勤勉、あらゆる種類の娯楽以上に勉学を好み、良書に親しみ、抽象科学に強い関心を寄せる……。物静かで孤独を好み、気紛れで横柄、極度に利己的な傾向あり。寡黙だが、反論は精力的に行い、返答は当意即妙、非常に自

己愛が強く、野心的で全てを熱望する」(『ナポレオン——英雄の野望と苦悩〈上〉』エミール・ルートヴィヒ著、北澤真木訳、講談社学術文庫)

　最後に、ブルーバックス史上、(公式集などを除いて)最も数式が多いかもしれない本書も、他の『高校数学でわかる』シリーズと同じく講談社の梓沢修氏のお世話になりました。ここに謝意を表します。

参考図書・資料

『フーリエ展開』（使える数学シリーズ）、竹之内脩著、秀潤社（1978）

『工学基礎フーリエ解析とその応用』（新・工科系の数学シリーズ）、畑上到著、数理工学社（2004）

『物理現象のフーリエ解析』（UP応用数学選書）、小出昭一郎著、東京大学出版会（1981）

『工学基礎ラプラス変換とz変換』（新・工科系の数学シリーズ）、原島博、堀洋一著、数理工学社（2004）

「ラプラス変換とその使い方」間邊幸三郎、（社）日本電気技術者協会HP「電気技術解説講座」（http://www.jeea.or.jp/course/contents/01131/）

『大学課程　過渡現象』大槻喬編、オーム社（1967）

『数学者列伝　オイラーからフォン・ノイマンまで1』（シュプリンガー数学クラブシリーズ）、I.ジェイムズ著、蟹江幸博訳、シュプリンガー・ジャパン（2005）

『数学者列伝　オイラーからフォン・ノイマンまで2』（シュプリンガー数学クラブシリーズ）、I.ジェイムズ著、蟹江幸博訳、シュプリンガー・ジャパン（2007）

『ガロアの生涯　神々の愛でし人（新装版）』L.インフェルト著、市井三郎訳、日本評論社（2008）

『ガロアの時代ガロアの数学　第1部〈時代篇〉』（シュプリンガー数学クラブシリーズ）、彌永昌吉著、シュプリ

ンガー・ジャパン（1999）

『ガロアの時代ガロアの数学　第2部〈数学篇〉』（シュプリンガー数学クラブシリーズ）、彌永昌吉著、シュプリンガー・ジャパン（2002）

『偉大な数学者たち』（ちくま学芸文庫）、岩田義一著、筑摩書房（2006）

「The MacTutor History of Mathematics archive: Leonhard Euler」University of St Andrews HP（http://www-history.mcs.st-andrews.ac.uk/Biographies/Euler.html）

「Oliver Heaviside F.R.S: A personal sketch by a direct family descendant」(http://www.oliverheaviside.com/)

『ナポレオン　英雄の野望と苦悩〈上〉』（講談社学術文庫）、E.ルートヴィヒ著、北沢真木訳、講談社（2004）

『ナポレオン　上』（文春文庫）、長塚隆二著、文藝春秋（1996）

『ナポレオンの生涯』（「知の再発見」双書）T.レンツ著、遠藤ゆかり訳、福井憲彦監修、創元社（1996）

さくいん

【数字】

1階微分	44
2π の周期性	35
3次方程式	55

【アルファベット, ギリシャ文字】

AM 波	118
C-band	124
CT スキャン	152
D 層	208
E 層	208
F1層	208
F2層	208
FWHM	106, 115, 119
MRI	152
RC 時定数	193
RL 直列回路	201
s 関数	167
s 推移則	173
t 関数	167
t 推移則	173
X 線 CT	152
δ 関数	131

【あ行】

アップルトン	208
アーベル	99
アボガドロ	99
アレクサンダー	12
アンペール	99
裏関数	167
エカチェリーナ二世	72
エコール・ノルマル	14
エコール・ポリテクニク	14, 49
エジプト	12
エネルギーの分解能	123
エルミート	158
演算子法	187
オイラー	58, 69
オイラーの公式	58, 69
表関数	167

【か行】

階段関数	132, 167
ガウシアン	106
ガウシアンのフーリエ逆変換	112
ガウシアンのフーリエ変換	112
ガウス	128
ガウス型関数	106

さくいん

ガウス関数	157	座標	66
ガウス平面	56	時間	66
カエサル	12	時間軸上のFWHM	122
拡散現象	153	時間推移則	144
角振動数	66	時間に依存しない方程式	80
傾き	45	時間に依存する方程式	80
過渡応答	190	シーザー	12
カルダーノの解法	55	指数関数	102
カルノー	28	自然対数	108
ガロア	158	実軸	56
奇関数	18, 26	実部	104
極座標	56	時分割多重伝送	125
虚軸	56	シャンポリオン	49
虚数	54, 61	周期的ではない関数	85
虚部	104	周波数推移則	144
偶関数	18, 26, 104	周波数スペクトルのFWHM	122
区分的になめらか	42	シュレディンガー方程式	65, 80
区分的になめらかな関数	44	象形文字	29
区分的に連続	43	初期値	181
クロネッカーのデルタ	23	振動しつづける波	61
群速度分散	127	振幅	66
群論	161	振幅変調波	118
ケネリー	207	推移則	143
ケネリー・ヘビサイド層	207	数の概念	56
現実の数	55	スペクトル	113
減衰する波	62	正規	27
減衰を表す関数	103	正規直交系	27, 81
コサイン	16	石英ガラス	113
		積分可能	43
【さ行】		積分のフーリエ変換	149
		絶対値	56
最大の通信容量	128	線形性	142, 172
サイン	16		

相似性	145	なめらかな関数	44
想像上の数	54	ニュートン	69
		熱力学の第二法則	153
		ノコギリ波	49

【た行】

高いエネルギー分解能	123		
たたみ込み積分	150		
ダランベール	177		

【は行】

タルターリヤ	55	ハイゼンベルクの不確定性関係	
単位階段関数	167		122
単一方形パルス	84, 96	波数	66
タンジェント	104	波長分割多重伝送	126
超関数	134	波動関数	66, 80
直交性	23, 27, 37	波動方程式	65
直交性の関係	24	搬送波	118
定係数微積分方程式	188	半値全幅	106, 115
ディラック	131	ヒエログリフ	29
ディラック方程式	137	光のパルス	113
テイラー展開	58	光ファイバー	113
ディリクレ	42	非常に高速の現象	123
デービー	178	微分のフーリエ変換	149
デルタ関数	131, 168	ファラデー	99
電気系	65	フェルミ・ディラック分布	137
電磁波	113, 207	複素共役	57, 60
電磁波のパルス	113	複素形式のフーリエ級数（周期 $2L$）	80
点対称	17		
電波	207	複素形式のフーリエ級数（周期 2π）	77
電離層	207, 208		
トランスフォームリミット	121	複素指数関数	58
		複素指数関数の積分	135
		複素指数関数の微分	60

【な行】

ナポレオン	12, 28	複素数	54
		複素数の極座標表示	60
		複素平面	56

さくいん

部分分数展開	194, 196
フリードリヒ二世	71
フーリエ	14
フーリエ逆変換	95
フーリエ級数	41
フーリエ級数展開	41
フーリエ展開	41, 46
フーリエ変換	85, 95, 142
フーリエ変換の限界のパルス	120
不連続点	43
フンボルト	130
ヘビサイド	186
ベルヌーイ（ダニエル）	36
ベルヌーイ（ヤコブ）	69
ベルヌーイ（ヨハン）	69
偏角	56
変数変換	104
ホイートストン	186
方形波	33
包絡線	117

【ま行】

マルコーニ	207
モース	186
モンジュ	29

【や行】

ヤコービ	50

【ら行】

ライプニッツ	69
ラグランジュ	28
ラプラス	28, 177
ラプラス逆変換	189
ラプラス変換	166, 188
陸軍士官学校	28
量子力学	65
連続関数	42
ロゼッタストーン	29, 49
ローレンツ型関数	104, 106

公式集

フーリエ級数
■フーリエ級数の定義

$$f(\theta) = \frac{a_0}{2} + \sum_{n=1}^{\infty}(a_n \cos n\theta + b_n \sin n\theta)$$

$$a_n = \frac{1}{\pi}\int_{-\pi}^{\pi} f(\theta)\cos n\theta d\theta \quad (n=1,\ 2,\ 3\cdots)$$

$$b_n = \frac{1}{\pi}\int_{-\pi}^{\pi} f(\theta)\sin n\theta d\theta \quad (n=1,\ 2,\ 3\cdots)$$

■複素形式のフーリエ級数

$$f(\theta) = \sum_{n=-\infty}^{\infty} c_n e^{in\theta}$$

$$c_n = \frac{1}{2\pi}\int_{-\pi}^{\pi} f(\theta) e^{-in\theta} d\theta$$

■周期 $2L$ のフーリエ級数
【実数形式】

$$f(x) = \frac{a_0}{2} + \sum_{n=1}^{\infty}\left\{a_n \cos\left(\frac{n\pi x}{L}\right) + b_n \sin\left(\frac{n\pi x}{L}\right)\right\}$$

$$a_n = \frac{1}{L}\int_{-L}^{L} f(x)\cos\left(\frac{n\pi x}{L}\right)dx$$

$$b_n = \frac{1}{L}\int_{-L}^{L} f(x)\sin\left(\frac{n\pi x}{L}\right)dx$$

【複素形式】

$$f(x) = \sum_{n=-\infty}^{\infty} c_n e^{\frac{in\pi x}{L}}$$

$$c_n = \frac{1}{2L}\int_{-L}^{L} f(x) e^{-\frac{in\pi x}{L}}dx$$

フーリエ変換
■フーリエ変換とフーリエ逆変換の定義
【フーリエ変換】

$$\mathscr{F}[f(x)] = F(k) \equiv \frac{1}{\sqrt{2\pi}}\int_{-\infty}^{\infty} f(x) e^{-ikx}dx$$

【フーリエ逆変換】

$$\mathscr{F}^{-1}[F(k)] = f(x) \equiv \frac{1}{\sqrt{2\pi}}\int_{-\infty}^{\infty} F(k) e^{ikx}dk$$

■代表的なフーリエ変換
【単一方形パルス】　$-W \leqq x \leqq W$ の範囲で

$$f(x) = 1 \quad \underset{\text{フーリエ逆変換}}{\overset{\text{フーリエ変換}}{\rightleftarrows}} \quad \sqrt{\frac{2}{\pi}}\frac{\sin kW}{k}$$

【指数関数】

$$f(x) = \begin{cases} e^{-ax} & x \geq 0 \\ 0 & x < 0 \end{cases} \quad \leftrightarrow \quad \frac{1}{\sqrt{2\pi}} \frac{1}{a+ik}$$

【ガウシアン】

$$e^{-a\omega^2} \quad \leftrightarrow \quad \frac{1}{\sqrt{2a}} e^{-\frac{t^2}{4a}}$$

【デルタ関数】

$$\delta(x-a) \quad \leftrightarrow \quad \frac{1}{\sqrt{2\pi}} e^{-ika}$$

【コサイン】

$$\cos ax \quad \leftrightarrow \quad \sqrt{\frac{\pi}{2}} \{\delta(k-a) + \delta(k+a)\}$$

【サイン】

$$\sin bx \quad \leftrightarrow \quad \sqrt{\frac{\pi}{2}} i \{\delta(k+b) - \delta(k-b)\}$$

■フーリエ変換の性質

【線形性】

$$\mathscr{F}[f(t) + g(t)] = F(\omega) + G(\omega)$$
$$\mathscr{F}[af(t) + bg(t)] = aF(\omega) + bG(\omega)$$

【時間推移則】

$$\mathscr{F}[f(t-t_0)] = F(\omega)e^{-i\omega t_0}$$

【周波数推移則】

$$\mathscr{F}^{-1}[F(\omega-\omega_0)] = e^{i\omega_0 t}f(t)$$

【相似性】

$$\mathscr{F}[f(at)] = \frac{1}{a}F\left(\frac{\omega}{a}\right)$$

【微分のフーリエ変換】

1階微分

$$\mathscr{F}\left[\frac{df(t)}{dt}\right] = i\omega F(\omega) \quad \text{ただし、} \lim_{t \to \pm\infty} f(t) = 0$$

2階微分

$$\mathscr{F}\left[\frac{d^2 f(t)}{dt^2}\right] = (i\omega)^2 F(\omega)$$

【積分のフーリエ変換】

$$\mathscr{F}\left[\int_{-\infty}^{t} f(\tau)\,d\tau\right] = \frac{F(\omega)}{i\omega}$$

【たたみ込み積分】

$$\mathscr{F}[f(t) * g(t)] = \sqrt{2\pi}\, F(\omega)\, G(\omega)$$

$$\text{ただし}\quad f(t) * g(t) \equiv \int_{-\infty}^{\infty} f(\tau)\, g(t-\tau)\, d\tau$$

ラプラス変換
■ラプラス変換の定義

$$\mathscr{L}[f(t)] \equiv \int_0^{\infty} f(t)\, e^{-st} dt$$

■主なラプラス変換
【単位階段関数】

$$\mathscr{L}[u(t)] = \frac{1}{s}$$

【t の n 乗】

$$\mathscr{L}[t^n] = \frac{n!}{s^{n+1}}$$

【指数関数】

$$\mathscr{L}[e^{at}] = \frac{1}{s-a}$$

【三角関数】

$$\mathscr{L}[\sin \omega t] = \frac{\omega}{s^2 + \omega^2}$$

$$\mathscr{L}[\cos \omega t] = \frac{s}{s^2 + \omega^2}$$

【減衰振動】

$$\mathscr{L}[e^{at} \sin \omega t] = \frac{\omega}{(s-a)^2 + \omega^2}$$

$$\mathscr{L}[e^{at} \cos \omega t] = \frac{s-a}{(s-a)^2 + \omega^2}$$

■ラプラス変換の性質
【線形性】

$$\mathscr{L}[f(t) + g(t)] = F(s) + G(s)$$
$$\mathscr{L}[af(t) + bg(t)] = aF(s) + bG(s)$$

【推移則】
t 推移則

$$\mathscr{L}[f(t-\tau)u(t-\tau)] = e^{-s\tau}F(s)$$

s 推移則

$$\mathscr{L}[e^{at}f(t)] = F(s-a)$$

■ラプラス逆変換

$$f(t) = \frac{1}{2\pi i} \int_{a-i\infty}^{a+i\infty} F(s) e^{st} ds$$

■微分積分のラプラス変換

【微分のラプラス変換】

$$\mathscr{L}\left[\frac{df(t)}{dt}\right] = sF(s) - f(0)$$

【不定積分のラプラス変換】

$$\mathscr{L}[f^{(-1)}(t)] = \frac{F(s)}{s} + \frac{f^{(-1)}(0)}{s}$$

$$\text{ただし} \quad f^{(-1)}(t) \equiv \int f(t) dt$$

【定積分のラプラス変換】

$$\mathscr{L}\left[\int_0^t f(t) dt\right] = \frac{F(s)}{s}$$

N.D.C.413.66　　238p　　18cm

ブルーバックス　B-1657

高校数学でわかるフーリエ変換
こうこうすうがく　　　　　　　　　　　へんかん
フーリエ級数からラプラス変換まで

2009年11月20日　第1刷発行
2025年6月17日　第20刷発行

著者	竹内　淳 （たけうち　あつし）	
発行者	篠木和久	
発行所	株式会社講談社	
	〒112-8001　東京都文京区音羽2-12-21	
電話	出版	03-5395-3524
	販売	03-5395-5817
	業務	03-5395-3615
印刷所	(本文表紙印刷) 株式会社KPSプロダクツ	
	(カバー印刷) 信毎書籍印刷株式会社	
本文データ制作	講談社デジタル製作	
製本所	株式会社KPSプロダクツ	

定価はカバーに表示してあります。
©竹内　淳　2009, Printed in Japan
落丁本・乱丁本は購入書店名を明記のうえ、小社業務宛にお送りください。送料小社負担にてお取替えします。なお、この本についてのお問い合わせは、ブルーバックス宛にお願いいたします。
本書のコピー、スキャン、デジタル化等の無断複製は著作権法上での例外を除き禁じられています。本書を代行業者等の第三者に依頼してスキャンやデジタル化することはたとえ個人や家庭内の利用でも著作権法違反です。

ISBN978-4-06-257657-4

発刊のことば

科学をあなたのポケットに

二十世紀最大の特色は、それが科学時代であるということです。科学は日に日に進歩を続け、止まるところを知りません。ひと昔前の夢物語もどんどん現実化しており、今やわれわれの生活のすべてが、科学によってゆり動かされているといっても過言ではないでしょう。

そのような背景を考えれば、学者や学生はもちろん、産業人も、セールスマンも、ジャーナリストも、家庭の主婦も、みんなが科学を知らなければ、時代の流れに逆らうことになるでしょう。ブルーバックス発刊の意義と必然性はそこにあります。このシリーズは、読む人に科学的に物を考える習慣と、科学的に物を見る目を養っていただくことを最大の目標にしています。そのためには、単に原理や法則の解説に終始するのではなくて、政治や経済など、社会科学や人文科学にも関連させて、広い視野から問題を追究していきます。科学はむずかしいという先入観を改める表現と構成、それも類書にないブルーバックスの特色であると信じます。

一九六三年九月

野間省一